NOSSA CASA ESTÁ EM CHAMAS

GRETA & SVANTE THUNBERG
BEATA & MALENA ERNMAN

NOSSA CASA ESTÁ EM CHAMAS

NINGUÉM É PEQUENO DEMAIS PARA FAZER A DIFERENÇA

Tradução:
Sonia Lindblom

1ª edição

Rio de Janeiro | 2019

CIP-BRASIL. CATALOGAÇÃO NA PUBLICAÇÃO
SINDICATO NACIONAL DOS EDITORES DE LIVROS, RJ

N785 Nossa casa está em chamas: ninguém é pequeno demais para fazer a diferença / Greta Thunberg ... [et al.]; tradução Sonia Lindblom. – 1ª ed. – Rio de Janeiro: Best*Seller*, 2019.

Tradução de: Scener ur hjärtat
ISBN 978-85-465-0027-7

1. Thunberg, Família. 2. Famílias – Aspectos psicológicos. 3. Famílias – Aspectos sociais. 4. Movimentos sociais. 5. Memória autobiográfica. I. Thunberg, Greta. II. Lindblom, Sonia. III. Título.

19-58379 CDD: 929.2
CDU: 929-055.5/.7

Vanessa Mafra Xavier Salgado – Bibliotecária – CRB-7/6644

Texto revisado segundo o novo Acordo Ortográfico da Língua Portuguesa.

Scener ur hjärtat

Impresso no Brasil

ISBN 978-85-465-0027-7

Seja um leitor preferencial Record.
Cadastre-se no site www.record.com.br e receba informações
sobre nossos lançamentos e nossas promoções.

Atendimento e venda direta ao leitor
sac@record.com.br ou (21) 2585-2002

O poema de Werner Aspenström foi retirado do livro *Ty* (Bonniers, 1993).

A citação de Stefan Sundström foi publicada no jornal *Dala-Demokraten* (26 de outubro de 2017).

A citação na página 200 foi extraída de *Factfulness*, de Hans Rosling, Anna Rosling Rönnlund e Ola Rosling (Editora Record, 2019).

I.
POR DETRÁS DA CORTINA VERMELHA

Pois o dia padece.
O sol morrerá às sete horas.
Digam, especialistas em escuridão,
quem vai nos iluminar agora?
Quem acende uma luz ocidental,
quem sonha um sonho oriental?
Venha qualquer um com uma lanterna!
De preferência você.

"Elegia", Werner Aspenström

Esta poderia ser minha história. Quase como uma autobiografia, caso eu quisesse escrever uma.

Mas não estou tão interessada em autobiografias.

Para mim, há outras coisas mais importantes.

Svante e eu escrevemos esta história com nossas filhas, e ela fala sobre a crise que afetou nossa família.

É sobre Greta e Beata.

Mas é, sobretudo, uma história sobre a crise que nos rodeia e afeta a todos. A crise que nós, humanos, criamos com o nosso modo de vida: aquém da sustentabilidade, apartado da natureza à qual todos nós pertencemos. Alguns chamam isso de consumo excessivo; outros, de crise climática.

Parece que a maioria das pessoas acredita que essa crise esteja acontecendo em algum lugar distante daqui, que não nos atingirá tão cedo.

Mas não é verdade.

Porque ela já está aqui, nos rodeando o tempo todo, de diversas formas. Na mesa do café da manhã, nos corredores da escola, nas ruas, nas casas e apartamentos. Nas árvores de frente para a janela, no vento que bagunça seu cabelo.

Talvez devêssemos ter esperado para dizer algumas das coisas que Svante e eu, junto com as crianças, decidimos dizer depois de longa hesitação.

Para quando tivéssemos nos distanciado mais delas.

Não por nós, mas por você.

Essas coisas certamente seriam consideradas mais agradáveis. Um pouco mais comedidas.

Mas não temos esse tempo. Se quisermos uma chance, temos que começar a tornar essa crise visível agora.

Poucos dias antes deste livro ser lançado, em agosto de 2018, nossa filha, Greta Thunberg, estava sentada do lado de fora do Parlamento da Suécia, começando sua greve escolar — uma greve que ainda acontece, tanto na Mynttorget, na Cidade Velha, quanto em vários outros lugares do mundo.

Desde então, muita coisa mudou. Tanto para ela quanto para nossa família.

Em alguns dias, é quase como se vivêssemos um conto de fadas.

Esta história é sobre o caminho que levou até a greve escolar de Greta. Sobre os acontecimentos que nos levaram até o dia 20 de agosto de 2018.

Malena Ernman, novembro de 2018.

PS.: Antes deste livro ser publicado pela primeira vez, decidimos que o dinheiro que conseguíssemos arrecadar seria doado para o Greenpeace, a WWF e as associações suecas Aprender com Animais, Biólogos em Campo, Rei da Vida, Sociedade de Conservação da Natureza, Children in Need e Direitos dos Animais, tudo isso através de uma fundação que criamos.

E assim será.

Porque foi isso que Greta e Beata decidiram.

CENA I
ÚLTIMA NOITE NA ÓPERA

No palco.

A orquestra afina os instrumentos uma última vez e a luz do salão diminui. Estou ao lado do maestro Jean-Christophe Spinosi, e estamos saindo da coxia para assumir nossas posições no palco.

Todos estão felizes nesta noite. É nossa última apresentação, e amanhã cada um pode voltar para sua casa, para perto da família. Adiante, para o próximo trabalho. Cada um vai ao encontro de suas famílias na França, Itália e Espanha. Para Oslo e Copenhague. Depois para Berlim, Londres e Nova York.

As últimas performances foram quase como um transe.

Quem já atuou em um palco sabe o que quero dizer. Às vezes rola uma espécie de fluxo; uma energia que cresce na interação entre palco e público, formando uma reação em cadeia que se mantém de uma performance à outra, de uma noite à outra. É como mágica. Mágica do teatro e da ópera.

E agora acontece a última apresentação de *Serse*, de Händel, na galeria de arte Artipelag, no arquipélago de Estocolmo. O dia é 2 de novembro de 2014 e, esta noite, vou cantar minha última ópera na Suécia. Mas ninguém sabe disso.

Hoje à noite será minha última performance em uma ópera.

O clima está elétrico e todos atrás do palco se movem alguns centímetros acima do piso de concreto quase novo da galeria Artipelag.

Há uma equipe de filmagem também. Gravamos o espetáculo com oito câmeras e uma equipe de produção em grande escala.

Pela porta da coxia ouvimos o som de novecentas pessoas em completo silêncio. O rei e a rainha estão lá. Todo mundo está lá.

Ando para lá e para cá. Tento respirar, mas não consigo. Meu corpo se joga para a esquerda o tempo todo, e estou suando. Minhas mãos estão dormentes. As últimas sete semanas foram um pesadelo. Sem lugar para descansar. Não consigo ter paz em lugar algum. Passo mal, mas ao mesmo tempo estou longe de ter náuseas. É como um ataque de pânico prolongado. É como se eu tivesse pulado e dado de cara com uma parede de vidro, ficando presa na queda de volta para o chão. Fico esperando o baque. Esperando a dor vir. Esperando sangue, ossos quebrados e sirenes de ambulâncias.

Mas nada disso acontece. A única coisa que vejo é meu corpo pairando no ar em frente àquela merda de parede de vidro que está lá, sem nenhuma rachadura.

— Não estou me sentindo bem — digo.

— Sente-se um pouco. Quer uma água? — Eu e o maestro nos comunicamos em francês.

De repente, as pernas não me sustentam mais. Eu caio. Jean-Christophe me segura.

— Não tem problema, damos uma pausa no espetáculo. Eles que esperem. Colocamos a culpa em mim, sou francês mesmo. Sempre nos atrasamos.

Alguém ri.

Depois da apresentação, tenho que me apressar. Minha filha mais nova, Beata, completa nove anos no dia seguinte, e eu tenho mil coisas para ajeitar em casa. Mas agora estou onde estou. Desmaiada nos braços do maestro.

Típico.

Alguém acaricia minha testa.

Tudo escurece...

CENA 2

A FÁBRICA

Cresci em uma casa geminada na cidade de Sandviken. Minha mãe era diaconisa e meu pai trabalhava como gerente de finanças e impostos. Tenho uma irmã três anos mais nova que eu, Vendela, e um irmão onze anos mais novo, que minha mãe batizou de Karl-Johan em homenagem ao cantor Loa Falkman, porque ela achava que o nome Loa não era muito elegante.

Essa é a única conexão com ópera e música clássica que eu trouxe de casa.

Nós cantávamos muito. Música folclórica, Abba, John Denver. Éramos, de forma geral, uma típica família do interior da Suécia. Talvez a única coisa que nos diferenciava dos outros fosse o fato de meus pais serem muito engajados com a causa de pessoas em situação de vulnerabilidade.

Lá em casa, no bairro de Vallhov, prevalecia o humanitarismo, e sempre foi natural tentar apoiar pessoas que precisassem de ajuda. Uma tradição familiar que minha mãe carregou consigo e que vem desde meu avô paterno, Ebbe Arvidsson. Ele tinha um cargo de alto escalão na igreja sueca, e foi um pioneiro no ecumenismo e em trabalhos de altruísmo moderno. Por isso cresci rodeada de hóspedes, refugiados e imigrantes ilegais.

Às vezes as coisas ficavam complicadas.

Mas deu tudo certo.

As únicas vezes que viajamos foi para visitar a melhor amiga da mamãe, uma freira que morava no norte da Inglaterra.

Durante alguns verões nos hospedamos no convento em que ela vivia. Acho que é por isso que falo tantos palavrões quando estou no palco. Uma espécie de revolta infantil crônica que nunca sara.

Mas, além do fato de termos passado os verões em dormitórios de conventos ingleses e de termos refugiados morando na nossa garagem, éramos exatamente iguais às outras pessoas.

Como eu disse, nós cantávamos, e eu adorava cantar, cantava o tempo todo.

Cantava tudo o que podia — quanto mais difícil a peça, mais divertido achava.

O motivo de eu ter virado cantora de ópera é porque eu amo desafios. No fim das contas, ópera é o que há de mais difícil e mais divertido de se cantar.

CENA 3
ARTISTAS

Estou nos palcos e canto para o público desde os 6 anos. Corais da igreja, grupos vocais, bandas de jazz, musicais, ópera. Meu amor pela música cantada é ilimitado — prefiro não pertencer a nenhum gênero específico ou ser colocada em categorias. Me espalho por todas as direções e cantos possíveis. Canto qualquer coisa que aparecer, desde que seja música boa.

Na indústria do entretenimento, costuma-se dizer que, quanto mais alguém se destaca como artista, mais livros de receitas publicará — e meus livros de receitas são provavelmente mais escassos que os dos outros. Mas, nos últimos 15 anos, tenho sido bastante coerente, pelo menos ao meu ver. Tento combinar altitude artística com amplitude de público. Quis transformar o complexo em algo um pouco mais simples, a alta cultura em algo um pouco menos fino, o esbelto em algo um pouco mais espaçoso. E vice-versa.

Segui meu próprio caminho. Sempre contra o fluxo e quase sempre sozinha. Exceto quando Svante estava ao meu lado, é claro.

O que no começo era embasado em instinto e intuição com o passar dos anos se tornou um método. Quase como uma responsabilidade, uma convicção de que a pessoa que tem a capacidade de aprimorar o que faz tem também a obrigação de buscar esse aprimoramento.

Svante e eu pertencemos ao grupo dos poucos que tiveram essa possibilidade.

E nós tentamos.

Somos artistas. Estudamos em faculdades de ópera, música e teatro, e temos um tempo de trabalho freelance e institucional como bagagem. Fazemos o que todos os artistas são programados para fazer. Trabalhamos duro para assegurar nosso futuro e alcançar nosso eterno objetivo: encontrar os novos públicos.

Viemos de lugares bem diferentes, mas sempre tivemos os mesmos objetivos, desde o princípio.

Diferentes, porém iguais.

Quando engravidei de nossa primeira filha, Greta, Svante trabalhava nos teatros Östgöta, Orion e no Teatro Nacional Sueco. Ao mesmo tempo. E eu tinha vários anos de contratos à minha frente, em diversas óperas na Europa. A 1.000 quilômetros de distância um do outro, discutíamos ao telefone sobre como faríamos para que nosso novo cotidiano funcionasse.

— Você está entre as melhores do mundo no que faz — disse Svante. — Eu li isso em pelo menos dez jornais diferentes. E eu sou um baixista no teatro sueco. Além disso, você ganha mais melhor do que eu.

— *Melhor* que eu.

— Você ganha *melhor* que eu.

Protestei um pouco, sem muito entusiasmo, mas a decisão foi tomada. Depois da última apresentação de Svante, ele pegou um voo para me encontrar em Berlim.

No dia seguinte, o telefone de Svante tocou e ele atendeu na sacada que dá para Friedrichstrasse, falou durante alguns minutos. Isso foi no fim de maio, e o calor do verão já estava ardendo. Não tinha nem seis meses que estávamos juntos.

— É uma merda mesmo — disse ele, rindo, quando desligou.

— Quem era?

— Erik Haag e outro cara. Estavam na Orion e viram o espetáculo na semana passada.

Svante tinha atuado com Helena af Sandeberg em uma peça de Irvine Welsh, que escreveu *Trainspotting*; todo mundo se drogava e eles embrulhavam cadáveres em filme plástico.

"Me fode!" era uma das falas que Helena gritava para Svante várias noites por semana desde a estreia da peça.

Eu tinha muito ciúme.

— Eles estão fazendo um programa de humor na Rádio da Suécia e me acham engraçado. Perguntaram se eu queria participar, mais como um teste. Exatamente o tipo de telefonema que a gente espera...

— O que você respondeu? Você tem que aceitar! — falei, tensa.

— Respondi que minha namorada está grávida e trabalhando no exterior. — respondeu ele, também tenso.

— Você recusou?

— Recusei. Tem que ser assim. Estamos juntos nessa, senão nunca funcionará.

E assim foi feito.

Algumas semanas depois, estávamos na festa de estreia de *Don Giovanni*, na Ópera Estatal de Berlim, enquanto Svante explicava ao maestro Barenboim e a Cecilia Bartoli:

— Então, eu virei dona de casa.

Continuamos assim por 12 anos. Foi cansativo, mas também extremamente divertido. Morávamos dois meses em cada cidade e depois nos mudávamos para a próxima. Berlim, Paris, Viena, Amsterdã, Barcelona. Sempre circulando.

Passávamos os verões em Glyndebourne, Salzburgo ou Aix--en-Provence. Como acontece quando se é um bom cantor de ópera e outras músicas clássicas.

Eu ensaiava cerca de 20 a 30 horas semanais, e o resto do tempo passávamos juntos. De folga. Nenhum parente exceto a vovó Mona. Nada de amigos. Nada de jantares. Nada de festas. Apenas nós.

Beata nasceu três anos depois de Greta, e compramos um Volvo V70 para carregar casas de bonecas, ursos de pelúcia e triciclos. Então seguimos em frente. Uma viagem atrás da outra. Foram anos incríveis. Nos invernos, sentávamos no chão de belos apartamentos neorrenascentistas bem iluminados e brincávamos com as meninas, e, quando a primavera chegava, íamos passear juntos em parques arborizados.

Nosso cotidiano não se igualava ao de mais ninguém. E isso era maravilhoso.

CENA 4
OPORTUNIDADES ÚNICAS

— Participar do Festival de Melodias sueco é mais ou menos como ter um filho. Você pode contar para os outros, descrever cada detalhe. Mas só aqueles que experimentaram entendem como a gente sente.

Anders Hansson era produtor musical e em breve começaríamos a trabalhar juntos no meu próximo álbum. Naquele momento estávamos puxando nossas malas pela Stortorget, em Malmö, indo para a estação para pegar o trem de Estocolmo. Anders ria enquanto explicava a situação para Svante e eu.

Minha estreia no festival havia sido na noite anterior, e uma foto enorme comigo, Petra Mede e Sarah Dawn Finer estampava a primeira página do jornal *Aftonbladet*. A legenda dizia: "Arena Malmö às 21:23h." Eu não conseguia esconder que estava completamente em choque. Se fosse para participar do Festival de Melodias, tinha que ser para ganhar. E ganhar de verdade. Começar com todas as chances de chegar em último lugar. Disputar contra todos os grandes e bons artistas na final — e, além de tudo, vencer com a menor margem possível, de preferência somente por conta da ajuda dos votos do público. Como eu. Mais difícil que isso não dá.

Então foi só começar os trabalhos.

As condições não poderiam ter sido melhores.

O Festival de Melodias nos deu uma chance única — uma oportunidade que provavelmente nunca mais aconteceria de novo. A plateia ficava cheia. O Ministro da Cultura batizou de "efeito-Malena".

A manchete no jornal *Expressen* dizia: "A ópera sai dos salões e volta para o povo." E o redator cultural do *Dagens Nyheter* escreveu que "é bom demais para ser verdade." Mas era verdade.

Por um breve instante, quase acreditei que fosse possível: dava para fazer ópera popular.

Mas quando o outono chegou, tudo voltou ao normal. Nenhum instituto de ópera sueca entrou em contato e quis aproveitar a oportunidade. O público estava lá, mas era como se ninguém estivesse interessado nele.

Então fizemos tudo sozinhos.

Eu protagonizava óperas no exterior e trabalhava como artista na Suécia, produzindo de forma independente concertos, turnês e palestras.

Tudo isso em nossa busca por um público novo e amplo.

Certa noite, duas semanas antes da última performance de *Serse*, Svante e eu estávamos sentados no chão do banheiro de nossa casa, em Estocolmo. Já era tarde, as crianças haviam dormido. Tudo começou a desmoronar ao nosso redor. As paredes do apartamento estavam se comportando de maneira diferente. Rachaduras corriam pelo telhado e parecia que o quarteirão inteiro cederia a qualquer momento e cairia no lago Klara.

Greta tinha acabado de começar a quinta série e estava sendo um momento difícil para ela. Chorava à noite quando ia dormir. Chorava a caminho da escola. Chorava durante as aulas e nos intervalos, e os professores ligavam para nós quase todos os dias. Svante precisava sair correndo para buscá-la na escola. Para junto de Moses, só Moses conseguia ajudá-la.

Ela ficava horas sentada com nosso golden retriever, fazendo carinho e alisando seu pelo. Nós tentamos tudo o que podíamos, mas nada ajudava. Ela desapareceu em algum tipo de escuridão e foi como se tivesse parado de funcionar. Parou de tocar piano. Parou de rir. Parou de falar.

E...

Parou de comer.

Estávamos lá, sentados no piso duro de mosaico, e sabíamos exatamente o que fazer. Nós faríamos tudo. Mudaríamos tudo. Encontraríamos Greta novamente, a qualquer custo.

Mas não foi o suficiente. Nós precisávamos fazer algo que fosse além de palavras e sentimentos. Um desfecho. Uma pausa.

— Você está bem? — perguntou Svante. — Quer continuar?

— Não.

— Ok, acho que podemos mandar tudo isso à merda. Não dá para fazer ópera popular quando os institutos de ópera não querem que ela seja popular, e não importa se alguém encontra esse tal *novo* público se nenhum babaca está interessado nele.

— Eu concordo. Estou cheia disso. — E estava mesmo.

— Se não for suficiente levar vinte mil pessoas a uma galeria de arte, no meio da floresta, em Värmdö, a três quilômetros do ponto de ônibus mais próximo, tudo sem a ajuda de patrocinadores ou um único centavo em contribuição do governo, se *nem* isso for suficiente, nem o inferno será.

Svante tem um temperamento que nem sempre o favorece. Mas eu não tinha como discordar dele naquele momento.

— Nós já fomos longe o suficiente. — falei. — Eu honestamente não acho que sobreviveria se continuássemos.

— Então cancelamos tudo. Cada contrato — continuou ele. — Madrid, Zurique, Viena, Bruxelas. Tudo. Arrumamos uma desculpa. Vamos fazer outra coisa. Concertos, musicais, teatro, TV. Você canta ópera. Canta a música, mas não faz mais palestras.

— Faço a última apresentação daqui a duas semanas. Depois disso, nunca mais.

Eu estava decidida.

— Vamos dizer alguma coisa? É estúpido, né?

— É. É estúpido.

E não dissemos nada.

CENA 5

SERSE — O REI DA PÉRSIA

Fiquei desmaiada por quase dez minutos, me disseram depois. O público foi informado de que, infelizmente, a apresentação estava alguns minutos atrasada.

Por trás da cortina, se discutia como a situação seria tratada, é claro. Mas isso não me afetava, porque eu sabia exatamente o que iria fazer.

Era hora de acabar com isso de uma vez por todas.

Tomei um gole de água e acenei para o maestro.

— Você consegue se levantar?

— Não. — Eu me levantei.

— Consegue andar?

— Não. — Eu comecei a ir em direção à porta que dava para o palco. Olhares preocupados ao meu redor.

— Mas você consegue cantar?

— Não — respondi, acenando positivo para o mestre do palco e entrando em cena.

As pessoas que estavam presentes disseram que o aplauso no final foi algo extra. Todos ficaram de pé e gritaram de uma forma que normalmente não fazem.

Por trás da cena, todo mundo flutuava como se estivesse embriagado de felicidade. Como em um filme. O rei e a rainha cumprimentaram todos e falavam entre risadas.

Como se estivesse em câmera lenta. Extremamente lento.

Pernilla me ajudou a tirar o traje e a peruca.

— Não diga nada para Svante sobre o que aconteceu. Ele só vai ficar preocupado sem necessidade — falei.

Ela confirmou em silêncio.

Do foyer acima, vinham vozes — em sueco, francês, alemão, espanhol.

Pareciam tão felizes. E, quando me acompanharam até o táxi, vi que levantaram suas taças de champanhe e brindaram. Um quádruplo "hip hip hurra!".

Me deitei no banco de trás e chorei o caminho inteiro até o centro.

Não que eu estivesse triste. Não que eu estivesse aliviada. Não que tudo estivesse como sempre foi.

Chorei porque não me lembrava de nada da apresentação.

Era como se eu nunca tivesse estado lá.

CENA 6

NHOQUES

Café da manhã: 1/3 banana. Tempo: 53 minutos.

Temos uma folha de papel A3 branca colada na parede onde anotamos tudo o que Greta come e quanto tempo demora. Não é muito. E não é rápido. Mas o pronto-socorro do Centro de Transtornos Alimentares de Estocolmo diz que esse é um método que geralmente funciona a longo prazo. Você faz uma lista com cada refeição e, em seguida, lista tudo o que pode comer, o que talvez possa comer um pouco mais tarde e o que gostaria de comer.

A lista é curta:

Arroz, abacate e nhoque.

É terça-feira, 8 de novembro, e estamos em algum lugar entre o abismo e a região da Kungsholms Strand. A aula começa em cinco minutos. Mas ela não vai para a escola hoje. Não vai para a escola esta semana.

Ontem, Svante e eu recebemos outro e-mail da escola dizendo que estão "preocupados" com as faltas de Greta, mesmo com as várias cartas de médicos e psicólogos explicando a situação que a direção recebeu.

Mais uma vez, informo à direção da escola sobre a situação em que estamos, e eles respondem sem demora que esperam que Greta vá à escola como de costume na segunda-feira, para *que possamos resolver esse problema.*

Mas Greta não vai à escola na segunda-feira. Greta parou de comer há dois meses, e, se nenhuma mudança drástica acontecer, ela será internada no Hospital Infantil Sachsska na semana que vem.

Nós almoçamos no sofá assistindo *Once Upon a Time* em DVD. Tem várias temporadas, e cada temporada dura cerca de meia era geológica. É bom para nós. Precisamos de oceanos de tempo para nossas refeições.

Svante cozinha nhoque. É muito importante que a consistência fique perfeita, caso contrário, não dá para comer. Os nhoques são pequenos bolinhos de massa feitos de batatas, têm forma de bolas de rugby e o tamanho de um bombom, mais ou menos.

Colocamos um certo número no prato, um ato de equilíbrio que exige muito de nós: se colocarmos muitos, nossa filha não come nada, e, se colocarmos pouco, ela não come o suficiente. Tudo o que ela come é, claro, muito pouco, mas cada mordidinha faz bem, e nada pode ser desperdiçado.

Depois Greta se senta e organiza os nhoques. Virando-os. Apertando-os e começando tudo de novo. Depois de vinte minutos, começa a comer. Ela lambe, suga e dá pequenas mordidas. Demora. Um episódio termina. Trinta e nove minutos. Começamos o próximo e notamos diferentes intervalos, número de mordidas por episódio, mas não dizemos nada.

— Estou satisfeita — diz ela, de repente. — Não aguento mais.

Svante e eu não olhamos um para o outro. Temos que guardar a frustração para nós mesmos, porque percebemos que essa é a única coisa que funciona. Tentamos outras táticas. Todas as outras formas possíveis.

Falamos com seriedade. Gritamos, rimos, ameaçamos, pedimos, imploramos, choramos e oferecemos todo tipo de suborno que nossa imaginação pudesse inventar. Mas isso parece ser o que funciona melhor.

Svante vai até a folha de papel na parede e escreve:

Almoço: 5 nhoques. Tempo: 2 horas e 10 minutos.

CENA 7

SOBRE A ARTE DE FAZER PÃEZINHOS

É o terceiro final de semana de setembro de 2014, e no final da tarde vou para a galeria Artipelag. Mas agora vamos fazer pãezinhos.

Nós quatro vamos assar pãezinhos, a família toda, e estamos determinados a fazer isso funcionar. Tem que funcionar.

Se fizermos nossos pãezinhos com calma, como de costume, Greta vai comê-los, como de costume. Então tudo ficará bem, tudo certo. Será fácil, como uma brincadeira. Fazer pãezinhos é a melhor coisa que tem.

Então fazemos os pães e dançamos na cozinha para criar a atmosfera mais positiva e feliz da história da humanidade.

Mas, quando os pãezinhos estão prontos, a festa tem um fim abrupto. Greta pega um pão e o cheira. Sentando-se com ele na mão, ela tenta abrir a boca, mas não consegue. Percebemos que não vai funcionar.

— Coma agora, por favor — falamos eu e Svante em coro.

Primeiro com calma.

Então um pouco mais firme.

Depois com toda a frustração e impotência que carregamos dentro de nós.

E, finalmente, gritamos todo o nosso medo e desespero.

— Come agora! Você tem que comer, está entendendo? Você tem que comer, senão você morre!

Então Greta tem seu primeiro ataque de ansiedade. Ela faz um som que nunca ouvimos antes, nunca. Ela grita por mais de quarenta minutos. Essa é a primeira vez que a ouvimos gritar desde que era uma criança de colo.

Eu me sento com ela em meus braços e Moses fica ao lado dela, o focinho em sua cabeça.

Os pãezinhos ficam ali, em uma pilha no chão da cozinha.

Ela se acalma depois de uma hora, e dizemos que não vamos mais comer pãezinhos, que não há perigo.

— Tudo vai dar certo, tudo vai ficar bem.

Então é hora de eu ir para o espetáculo. É matinê. A família vai comigo para a Artipelag e, no carro, Greta pergunta:

— Eu vou sarar?

— Claro que você vai sarar — respondo.

— Quando é que vou sarar?

— Não sei. Logo.

O carro para do lado de fora do prédio espetacular.

Vou até a coxia e começo a aquecer a voz.

CENA 8

NO HOSPITAL INFANTIL

Não importa quão mal esteja minha vida, eu sempre me senti bem no palco. É meu santuário. Mas, agora, algum tipo de fronteira havia sido ultrapassada, e cada performance de *Serse* é uma escuridão completa. Eu não queria me apresentar. Eu não queria estar lá. Eu queria estar em casa com minhas filhas. Queria estar em qualquer lugar, exceto nesse maldito Artipelag.

E, acima de tudo, queria responder à pergunta de Greta: "Quando é que eu vou sarar?"

Mas eu não tinha resposta. Ninguém tinha resposta, porque primeiro precisávamos descobrir de que doença se tratava.

Tudo começara no posto de saúde, em algum mês do outono anterior. Já faziam algumas semanas que havíamos começado a perceber que nem tudo estava bem, e, alguns dias depois que fizeram alguns exames em Greta, uma jovem médica nos telefonou.

Ela disse que os resultados dos exames não eram muito bons e recomendou que fôssemos até o hospital infantil Astrid Lindgren para fazer exames mais precisos.

— Temos que agendar uma consulta? — perguntou Svante.

— Não — respondeu a médica —, acho que vocês deveriam ir agora.

Quinze minutos depois, pegamos Greta na escola e vamos para o pronto-socorro. Lá, fazem mais exames, e depois temos que esperar.

Então esperamos. Enquanto isso, a pressão e a preocupação só aumentam. Ligamos para a mãe de Svante, que vai buscar Beata na escola.

Depois de algumas horas, outro médico apareceu para falar conosco. Alguns resultados indicam que algo está errado, eles só não conseguem encontrar o quê. Svante desmorona no chão e, por algumas horas, estamos em queda livre.

Os portões do inferno estão entreabertos, e nós vagamos pelo consultório, onde muitas pessoas já vagaram antes de nós, e muitos outros vagarão depois.

Compramos uma baguete com molho de curry, e ela está no tamborete de aço perto da porta. Eu estou sentada no chão com Greta no colo, tentando falar sobre coisas engraçadas.

Ao longo dos anos, muitas vezes lembramos dessas horas. Mas nunca em detalhes. Svante se lembra de como suas pernas fraquejaram no corredor, e eu me lembro da escuridão infinitamente pesada que nos cercou junto das famílias ao nosso redor, quando estávamos em nossos pequenos consultórios. Mas só me lembro do pouco que escolhi lembrar. Não consigo suportar pensar no restante.

De vez em quando, tocar as memórias por apenas por um décimo de segundo costuma ser suficiente para colocar tudo em perspectiva.

Mais uma médica entrou então. Ela mudou a baguete embrulhada de lugar e se sentou no tamborete, explicou os resultados de todos os exames e nos acalmou. Eles verificaram e tudo parecia bem. Não havia sinais de que algo estivesse errado, e podíamos então respirar aliviados, agradecer aos deuses e ir para casa.

Estar no palco naquela noite não foi nada divertido, mas foi um problema de luxo comparado a ser uma das famílias que não puderam deixar o hospital e ir para casa naquela tarde, para dizer o mínimo; as famílias que ficaram lá nos consultórios em frente aos portões do inferno.

Alguns dias depois, recebemos uma ligação do Hospital Infantil Astrid Lindgren. A pediatra recomendou que contatássemos a unidade de psiquiatria infantojuvenil. Ela não viu nada nas amostras que não pudesse ser explicado pelo fato de que Greta começou a ter grandes problemas com o apetite.

— Não é incomum entre as meninas no início da puberdade — diz ela —, muitas vezes pode ter causas psicológicas, em vez de médicas.

CENA 9
FOME

Às vezes, o corpo é mais sábio que nós. Às vezes, usamos nosso corpo para dizer algo que não conseguimos expressar de outra forma. E, às vezes, quando não temos a força ou as palavras para descrever como nos sentimos, usamos o corpo como intérprete.

Parar de comer pode significar muitas coisas.

A questão é o quê.

A questão é por quê.

Pensar que teríamos conseguido comer aquela baguete embrulhada na sala de espera do Hospital Infantil Astrid Lindgren é, naturalmente, impossível. A percepção de que Greta se sente assim, só que o tempo todo, está dentro de nós, e nos rói o tempo todo.

Svante e eu continuamos a procurar respostas. Passo as noites lendo tudo o que consigo encontrar na internet sobre anorexia, autismo e distúrbios alimentares. Temos certeza de que não é anorexia. Mas a anorexia é uma doença muito dolorosa que faz de tudo para não ser descoberta, é o que ouvimos repetidas vezes.

Então mantemos essa possibilidade.

A vida é caos e todo tipo de lógica parece muito distante. Eu leio sobre alta sensibilidade, alergia ao glúten, infecção do trato urinário, PANDAS* e outros diagnósticos neuropsiquiátricos.

---

* Derivado do acrônimo inglês *Pediatric Autoimmune Neuropsychiatric Disorders Associated with Streptococci*, síndrome neuropsiquiátrica pós-estreptocócicas infantis. [*N. da T.*]

Passo os dias falando ao telefone e fazendo chamadas de manhã, à tarde e à noite, parando apenas para ir ao Artipelag para o espetáculo. Tudo isso enquanto Svante tenta fazer com que Greta e Beata se sintam como sempre.

Eu ligo para a psiquiatria infantojuvenil, para o serviço de informação de saúde, médicos, psicólogos e para os conhecidos mais distantes que podem ter o mínimo de conhecimento ou orientação a oferecer. É um emaranhado infinito de telefonemas e "conheço alguém que conhece alguém que conhece alguém...".

A adrenalina me mantém de pé, e sou capaz de continuar o tempo que for necessário.

Apesar das noites sem dormir, apesar de eu ter perdido todo o apetite e esquecer de comer.

Minha amiga Kerstin conhece Lina, que é psiquiatra, e Lina passa horas conversando comigo. Ela ouve, me dá conselhos e consegue agendar uma visita para nós no consultório da clínica de psiquiatria infantojuvenil de Kungsholmen.

Na escola de Greta, há uma psicóloga com vasta experiência em autismo. Ela fala comigo e Svante ao telefone e diz que certamente é necessário fazer investigações cuidadosas, mas a seus olhos — e uma opinião completamente não oficial — Greta mostra sinais muito claros de espectro autista.

A psicóloga da escola diz ser "síndrome de Asperger de alto-funcionamento".

Nós fazemos o nosso melhor para absorver o que ela diz, e parecemos muito convincentes. Mas temos uma dificuldade terrível em aceitar que nossa filha seja autista. De fato, nenhuma pessoa em nosso círculo de conhecidos reage com algo que não seja um grande "o quê?" quando testamos a teoria do autismo com eles.

Não há uma única imagem clichê de autismo ou síndrome de Asperger que se encaixe. Ou a psicóloga da escola está louca ou nos deparamos com um problema gigantesco de conhecimento popular.

Em seguida, vem uma longa série de reuniões — desde o psiquiatra até o Centro de Transtornos Alimentares de Estocolmo —, onde repetimos nossa história e discutimos o que pode ser feito. Conversamos, e Greta fica quieta. Ela parou de falar com todo mundo, menos comigo, Svante e Beata. Nos revezamos para contar todos os detalhes.

Às vezes, são seis pessoas nas reuniões e, embora todos possam e queiram ajudar o máximo possível, não há ajuda para oferecer.

Pelo menos não por enquanto.

Estamos tateando no escuro.

Depois de dois meses sem comer, Greta perdeu quase dez quilos, o que é muito quando se é pequeno, para começo de conversa. A temperatura corporal dela é baixa, e seu pulso e pressão arterial dão claros sinais de inanição.

Ela não consegue subir escadas e tem pontos altíssimos nos testes de depressão que fez. Explicamos para nossa filha que precisamos nos preparar para ficar no hospital, e que é possível receber nutrientes e alimentação sem comer, com tubos e soro.

CENA 10

NÓS O CHAMAMOS DE HANS ROSLING DA UNIDADE DE TRANSTORNOS ALIMENTARES

Em meados de novembro, temos uma grande reunião na psiquiatria infantojuvenil, e três pessoas do Centro de Transtornos Alimentares também estão presentes.

Greta está em silêncio. Como de costume. Eu estou chorando. Como de costume.

— Se nada acontecer depois do fim de semana, teremos que internar você no hospital — diz a médica.

Nas escadas que dão para a entrada, Greta vira para nós.

— Eu quero começar a comer de novo.

— Vamos comer uma banana quando chegarmos em casa — diz Svante.

— Não. Eu quero começar a comer de novo, normal.

Nós três começamos a chorar. Depois voltamos para casa, e Greta come uma maçã verde inteira. Mas ela não passa disso, e percebemos que começar a comer de novo é um pouco mais difícil do que se pensa.

Mas, mesmo que Greta fique triste, ela não entra em pânico. Ela está decidida, e continuamos a tentar. Finalmente encontramos um pequeno caminho pelo qual podemos seguir.

Damos alguns passos cautelosos, provamos a ideia e dá certo. Conseguimos ficar de pé.

Seguimos em frente, lentamente.

Temos arroz, abacate, comprimidos de cálcio, bananas e tempo.

Nos damos tempo.

Tempo ilimitado.

Svante fica em casa e nunca sai do lado das crianças. Nós ouvimos audiolivros, montamos quebra-cabeças, fazemos lições de casa e escrevemos cada refeição na folha de papel na parede.

Beata desaparece em seu quarto assim que chega da escola. Nós mal a vemos. Ela percebe nossa preocupação e nos evita.

Junto com Greta, assistimos *Uma ilha no mar*, *A volta ao mundo em 80 dias* e *Um homem chamado Ove*.

Toda a série *Emigração*, de Vilhelm Moberg. Strindberg. Selma Lagerlöf, Mark Twain, Emily Brontë e a série da *Cidade*, de Per Anders Fogelström.

Uma banana, 25 minutos. Um abacate com 25 gramas de arroz. Tempo: 30 minutos.

Do lado de fora da janela, as últimas folhas das árvores caem. E começamos um longo, longo caminho de volta.

Depois de mais dois meses, a perda de peso não só parou como reverteu, começando a virar devagar e suavemente para cima. Na lista, adicionamos salmão e pãezinhos de batata.

Na CTA, temos um médico fantástico que faz anotações sobre peso e pulso, e explica tudo sobre nutrientes e elementos de nutrição durante longas palestras pedagógicas em seu consultório. E começamos com sertralina, um remédio antidepressivo cuja dose aumentamos um pouco de cada vez.

Greta é inteligente. Ela tem memória fotográfica e pode, por exemplo, recitar todas as capitais do mundo. Ela sabe as capitais de todos os territórios. Se eu perguntar "Ilhas Kerguelen?", ela responde "Port-aux-Français".

— Sri Lanka?

Sri Jayawardenapura Kotte.

E eu digo "de trás pra frente?", ela recita na mesma velocidade. Só que de trás para frente, é claro. Svante geralmente diz que ela é uma versão melhorada dele, que, há 35 anos, dedicou sua infância a coletar tabelas de horários de voos, decorando-os. Ela consegue recitar a tabela periódica de cor em menos de um minuto, mas se incomoda com o fato de não saber como pronunciar os nomes de alguns elementos.

A professora de Greta dá aulas para ela em seu tempo livre. Duas horas por semana, em intervalos e horas vagas, na biblioteca. Escondidas. É o suficiente para que Greta aprenda todas as matérias da quinta série.

Sem essa professora, nada teria funcionado.

Nada.

— Eu já vi muitas meninas de alta sensibilidade e alto desempenho desmoronarem. Basta — diz ela. — Cheguei ao meu limite.

Quando as pessoas desmoronam, é difícil de reparar, e, apesar do fato de que existe muita vontade e conhecimento, as ferramentas são, muitas vezes, contundentes e, muitas vezes, totalmente ineficientes.

Há ajuda dentro das estruturas do sistema. Para alguns. Para aqueles que se encaixam em um dos poucos modelos disponíveis. Greta não é uma dessas pessoas.

Batalhamos quase 24 horas por dia, durante meses a fio, antes de finalmente percebermos que tínhamos que fazer tudo sozinhos. E é claro que estávamos longe de sermos os únicos a perceber isso.

Estamos presos em um momento Tostines entre três instituições diferentes, e passamos todo o nosso tempo acordados, participando de reuniões sobre o que talvez possa ser feito mais tarde.

Em uma sociedade que funcione, deveria obviamente haver uma instância que trabalhasse com recursos adequados, de forma preventiva, e com o propósito de educar e informar a sociedade sobre problemas de saúde mental e vários diagnósticos. Uma autoridade que se concentrasse em educar professores, pais e filhos sobre o que deveríamos saber. Essa autoridade provavelmente seria o investimento mais lucrativo na história da sociedade moderna e comum.

Mas não existe algo assim.

O que está disponível é uma psiquiatria infantojuvenil onde todos estão desgastados, e onde na maior parte do tempo estão tentando evitar estragos. O que existe disponível é uma escola onde todos os alunos devem funcionar exatamente da mesma maneira, e onde os professores adoecem de estafa em série.

Então você tem que fazer tudo sozinho.

Você tem que estudar, batalhar.

E você tem que ter muita, muita sorte.

CENA II
"CRIANÇAS SÃO MALVADAS"

— Eles costumam te olhar desse jeito?

— Não sei. Acho que sim.

Svante e Greta estão na festa de encerramento do ano letivo, e tentam parecer invisíveis nos fundos da sala de aula, corredores e escadarias.

Quando os alunos apontam para você e riem abertamente de você, mesmo que você esteja com seu pai, as coisas já foram longe demais. Muito longe.

Sofrer bullying é terrível. Mas ser vítima de bullying quando você não entende que estão fazendo isso é pior.

Em casa, na cozinha, Svante me explica pelo que acabaram de passar enquanto Greta come arroz e abacate.

Eu fico tão irritada com o que eu ouço que seria capaz de colocar metade dos prédios da rua Polhems abaixo, mas nossa filha reage de outra maneira. Ela fica feliz. Não aliviada ou calma, mas feliz. Em êxtase.

Depois, ela passa todas as férias de Natal falando sobre incidentes e eventos absolutamente horríveis. É como se fossem tirados de um filme em que todas as cenas possíveis de bullying estão presentes. Tiradas uma por uma.

Histórias sobre ser derrubada no pátio da escola ou enganada para ir a lugares estranhos, a exclusão sistemática e a zona livre no banheiro das meninas onde às vezes consegue se esconder e chorar antes que os inspetores do recreio a obriguem a ir para o pátio da escola.

Ela coleciona novas histórias há mais de um ano.

Svante e eu falamos com o pessoal da escola sobre o que aconteceu, mas eles não concordam. Veem a situação de forma diferente. É culpa de Greta, diz a direção da escola, porque várias crianças falaram, diversas vezes, que ela tinha um comportamento estranho, falava baixinho e nunca cumprimentava os outros. Esse último detalhe é escrito em um e-mail.

Eles escrevem coisas piores que isso, sorte nossa, porque, quando denunciamos a escola para a Inspetoria Escolar, temos um bom embasamento, e ninguém duvida que a Inspeção Escolar vai julgar a nosso favor.

A professora de Greta continua ensinando às escondidas. A direção da escola ordena repetidamente que ela pare com isso e, finalmente, ela é ameaçada de demissão se falar com Greta ou conosco, e assim vai. Entra semana, sai semana. Greta entra escondida na biblioteca da escola e Svante espera do lado de fora, no carro.

Eu explico que ela terá amigos novamente, mais tarde. Mas ela responde da mesma forma todas as vezes:

— Eu não quero nenhum amigo. Amigos são crianças, e todas as crianças são malvadas. — Greta puxa Moses para perto de si.

— Eu posso ser sua amiga — diz Beata.

— Vai dar tudo certo — responde Svante, escrevendo no papel na parede: *1,5 abacate. 2 pedaços de salmão com arroz, comprimido de cálcio. Tempo: 37 minutos.*

CENA 12

A REVANCHE DAS MENINAS INVISÍVEIS

O pulso de Greta aumenta, de acordo com as anotações da CTA, e, finalmente, a curva de peso se torna suficientemente forte para podermos iniciar uma investigação neuropsiquiátrica.

Nossa filha tem síndrome de Asperger, autismo de alto-funcionamento e TOC, transtorno obsessivo-compulsivo.

— Também poderíamos dar o diagnóstico de mutismo seletivo, mas ele frequentemente passa conforme a criança cresce.

Não estamos surpresos. É basicamente a conclusão à qual chegamos vários meses atrás.

A psicóloga da escola está presente quando recebemos o diagnóstico na psiquiatria infantojuvenil, e agradecemos por ela ter dito o que era desde o início.

Na saída o telefone toca. É Beata, e ela jantará com uma amiga. Sinto um peso na consciência. Essa é a primeira vez em muito tempo que ela não precisa jantar sozinha. "Logo cuidaremos de você também, minha querida", prometo a mim mesma, "mas primeiro a Greta precisa ficar saudável".

O verão logo chega, e aproveitamos o máximo. Quase não precisamos mais raciocinar com queima de calorias.

CENA 13
"VOCÊS É QUE SÃO ESTRANHOS, EU SOU NORMAL", JOAKIM THÅSTRÖM

O que aconteceu com nossa filha mais velha não pode ser simplesmente explicado com qualquer acrônimo ou com uma história de que ela é diferente. No final, ela simplesmente não conseguiu aguentar mais.

Nós, que vivemos em um tempo de abundância histórica com bens em comum muito além do imaginável, não podemos ajudar as pessoas a fugir da guerra e do terrorismo — pessoas como eu e você, que perderam tudo.

Durante uma aula, a turma de Greta assiste a um filme sobre a quantidade de lixo que existe nos oceanos. Uma ilha de plástico flutua no Pacífico Sul, e essa ilha é maior que o México. Greta chora durante todo o filme. Os colegas de classe também são claramente tocados. Antes de a aula acabar, a professora conta que na segunda-feira haverá um substituto, porque ela vai a um casamento no fim de semana — em Connecticut, perto de Nova York.

— Uau, como você é chique — dizem os alunos.

No corredor, a ilha de lixo na costa do Chile já caiu no esquecimento. Dos bolsos das jaquetas cobertas de pele, são tirados iPhones novos, e todos que já estiveram em Nova York contam como lá é legal, com todas aquelas lojas, e Barcelona tem ótimos lugares para fazer compras, e tudo é tão barato na

Tailândia, e alguém que vai viajar com a mãe para o Vietnã nas férias da Páscoa, e Greta não consegue segurar a barra.

Tem hambúrguer para o almoço, mas ela não consegue comer.

Está quente e cheio de gente na cantina da escola. O barulho é quase ensurdecedor e, de repente, aquele pedaço de carne com gordura no prato não é mais um pedaço de comida. É um músculo moído de um ser vivo com emoções, consciência e alma. A ilha de lixo está colada em sua retina.

Ela chora e quer ir para casa, mas ninguém pode ir para casa porque, aqui na cantina, é preciso comer animais mortos e falar sobre roupas de grife, maquiagem e celulares.

É preciso pegar um prato cheio de comida, dizer que é supernojento e cutucar um pouco antes de jogar tudo no lixo — sem dar qualquer sinal de autismo, anorexia ou qualquer outra coisa complicada.

Greta tem um diagnóstico, mas isso não exclui a possibilidade de ela estar certa, e todos nós, os outros, estarmos simplesmente errados.

Por tudo o que tentou, ela não conseguiu resolver essa equação que todos os outros já haviam resolvido; a equação que funciona como ingresso para um cotidiano que funcione.

Porque ela viu o que nos recusamos a ver.

Greta pertencia ao grupo dos poucos que conseguiam ver nosso gás carbônico a olho nu. O invisível. O abismo incolor, inodoro e silencioso que nossa geração decidiu ignorar. Ela viu tudo isso ali. Claro que não literalmente, mas ela viu os gases de efeito estufa saindo de nossas chaminés, flutuando para cima com os ventos e transformando a atmosfera em um gigantesco depósito de lixo invisível.

Ela era a criança, nós éramos o rei.

E nós estávamos todos nus.

CENA 14
ALGO SÓ ESTÁ UM POUCO FORA DO EIXO

Não existe um pai ou mãe que não diga que não hesitaria em pular na frente de um trem para salvar seu filho. É um instinto inegável.

Mas, quando o trem chega, é muito raro ser um trem em alta velocidade.

Tampouco se trata daquele décimo de segundo necessário para levantar dois braços e pegar alguém em queda. É só algo um pouco fora do eixo. E quase nunca se parece com as cenas de resgate que vemos nos filmes.

Os contornos de uma imagem muito maior aparecem paralelos ao bullying, diagnósticos e exclusão. Para nós, aquela imagem foi ficando nítida tão lentamente que quase não foi notada. De que algo estava errado.

Na verdade, não era nada muito difícil de perceber. Mas era desconfortável.

E, quando batemos o olho naquela imagem, não conseguimos parar de olhar. Pois a percepção que vem como bônus obscurece todo o seu campo de visão de repente, mudando tudo. Cada fibra do seu corpo diz que você deve desviar o olhar, mas não conseguimos, porque isso tudo é sobre nossa filha, e é claro que não há nada que não faríamos por nossa filha.

Demorou quatro anos para compreendermos esse quadro; a imagem torta de um todo que mudaria nossas vidas.

CENA 15

VICIADA EM COISAS BOAS

Eu tinha 38 anos quando me tornei uma celebridade. Já era conhecida antes de ganhar o Festival de Melodias.

Mas ser celebridade é diferente. Não dá para explicar para alguém que não tenha experimentado por conta própria.

— Mas e se ela ganhar? — perguntou minha então agente, quando suspirávamos debruçados sobre o calendário de 2009 em meados de janeiro.

— Ela é uma cantora de ópera. — Svante riu. — Você sabe que ela não vai ganhar, não sabe?

No dia seguinte ao Festival de Melodias, Svante, eu e quatro jornalistas do *Aftonbladet* e do *Expressen* pegamos um voo para Frankfurt para os ensaios de *La Cenerentola,* que iria estrear cinco dias depois. Foi uma confusão.

Minha agente precisou literalmente implorar a todos os meus patrões para me darem licença, porque eu não só tinha ido inesperadamente para a final, mas agora também havia ganhado o Festival de Melodias e tinha que estar em Moscou no meio de um período de trabalho nos quais eu era a protagonista em Frankfurt, Viena e Estocolmo.

— Mas você vai aguentar isso tudo? — perguntou ela.

— Eu aguento qualquer coisa — respondi.

Svante e eu nunca fomos a nenhuma première, e nunca fomos a nenhuma festa de celebridades — ou a qualquer outra festa.

Você fica extremamente eficiente quando é socialmente tímido e, assim que meus espetáculos ou palestras acabam, eu vou direto para casa.

Se estiver trabalhando em Estocolmo, costumo sair antes do público e tirar minha maquiagem na bicicleta, no caminho para casa. Se não for absolutamente necessário ir às minhas próprias festas de estreia, vou para casa também.

Nossas vidas têm sido as crianças e o trabalho. É tudo que podemos suportar, Svante e eu. O resto pode ser colocado de lado. É assim que trabalhamos, escrevemos.

Tentamos dar voz a algo que é mais importante do que nós e, para nós, a questão ambiental e climática se tornou o exemplo supremo e a consequência da ordem mundial distorcida que prevalece.

Nos encontramos no meio de uma crise de sustentabilidade aguda da qual o aquecimento global é apenas um aspecto. Mas, se as erosões costeiras na África Ocidental são uma consequência dessa crise, a seca no Oriente Médio outra consequência, e o aumento dos níveis de água nas nações insulares no Oceano Pacífico uma terceira consequência, essa crise se manifesta em nossa parte do mundo na forma de doenças relacionadas ao estresse, segregação e filas crescentes na psiquiatria infantojuvenil.

É o planeta que nos fala através de nossas tabelas e gráficos. Vemos como os gráficos flutuantes consomem o gelo no Norte. A Terra está com febre, mas a febre é apenas um sintoma de uma crise de sustentabilidade maior, na qual nosso estilo de vida e nossos valores são o que, de fato, ameaçam nossa sobrevivência futura.

Tudo se resume à crise da sustentabilidade. Ela abrange a poluição do ar e da biosfera, bem como os sistemas econômicos e políticos, e nos leva ao cerne da condição da saúde humana.

CENA 16
O ZOOLÓGICO DA ANTUÉRPIA

No inverno de 2010, alugamos um apartamento bem ralé na Rue du Fossé aux Loups, em Bruxelas. Nossa filha mais nova, Beata, acabara de completar quatro anos e, em um dos meus dias de folga, vamos a Antuérpia e ao zoológico. Um frasco de remédio para piolho explodiu na mala grande durante o voo para Bruxelas, e agora absolutamente tudo que possuímos tem cheiro de xampu para piolho. Todos os filmes em DVD com Pippi e Madicken estão destruídos, e a escadaria inteira fede a piolhos e a Paranix.

Acordamos cedo, e não são nem nove horas quando estamos prontos para pegar o trem na estação Midi. Só falta uma coisa: Beata precisa colocar um par de meias limpas. Ela é extremamente sensível a muitas coisas, e roupas não são exceção.

— Não! Essa arranha — grita ela e se arrasta no chão do corredor porque um suéter ou uma calça a incomoda. Às vezes, conseguimos levantá-la até o elevador e vesti-la no carrinho de bebê, mas há dias em que nem mesmo isso é possível, dias em que tudo dá errado e não há truque cotidiano que funcione.

E isso, claro, é completamente insustentável.

E hoje o jogo é duro. Ela precisa colocar um par de meias limpas antes de sairmos. Mas Beata se recusa.

Depois de duas horas, sugerimos um empate, e pegamos as velhas meias sujas que ela já tinha usado por quase um mês.

Ela se recusa.

Nessas horas os pais põem limite, falam duro. Não é a primeira vez, claro, mas hoje Svante e eu temos o dia todo para fazer isso, e não vamos ceder.

Às duas horas, saímos do apartamento e pegamos o trem para Antuérpia. Beata ainda está sem meias. Ela balança alegremente os pés no assento do trem.

Nosso duelo acabou e Beata é a vencedora.

— Você faz a Lotta, da Rua do Desordeiros, parecer Mahatma Gandhi. — diz Svante, rindo.

Beata ri com seu sorriso mais levado, e, como sempre, naquele momento, ela é totalmente irresistível. Você derrete.

Ela é feliz.

Nós estamos indo para o zoológico.

CENA 17
COLAPSO

Em inglês, eles são chamados de *meltdown*. Os surtos acumulados pelas emoções até não poderem mais ser tratados dentro dos moldes do que chamamos de comportamento razoável.

Um dos primeiros colapsos de Beata aconteceu na véspera de Natal, um mês antes da viagem ao zoológico da Antuérpia.

Ela não conseguia lidar com todas as expectativas e informações, então explodiu em um ataque, simplesmente perdendo o controle e acabando em um caos emocional.

Não havia forma de controlá-la, e o episódio acabou com a gente no chão, se debatendo, até eu abraçá-la e acalmá-la em meus braços.

— Você não entende o que está fazendo? — solucei em desespero.

— Entendo, sim.

— Então por que você está fazendo isso?

Beata também chorou.

— Não sei.

Havia muitas pistas de que algo realmente não estava como deveria, mas não importava. A lógica para nós era gritar, gesticular e exigir que uma criança de quatro anos explicasse seu mau comportamento, como dois idiotas.

— Eu acho que Beata tem TDAH — digo mais tarde a Svante —, isso não é apenas pirraça.

Não sei como cheguei a essa conclusão naquele exato momento, e, embora eu saiba hoje que nossas suspeitas não teriam levado a nenhuma ajuda em muitos, muitos anos, eu gostaria que tivéssemos permanecido naquela linha de pensamento por mais tempo.

Só muito tempo depois compreendemos a amplitude da resistência que existe em admitir que a situação é algo fora do comum. Em vez disso, colocamos a culpa em nós mesmos e nos adaptamos. É assim que se faz.

Beata é um anjinho na pré-escola e em todos os lugares fora de casa. Caprichosa, gentil, tímida e absolutamente encantadora. Ela é brilhante no jogo social, e o menor indício de que vamos contar aos professores da pré-escola como ela se comporta em casa faz com que ela desmorone completamente.

Claro que não sabíamos que todos esses são sinais precoces de TDAH em meninas. Como poderíamos saber? Não houve nenhuma campanha de educação popular sobre isso recentemente.

Sabemos somente o que sabemos. E nós só fazemos o que aprendemos que se deve fazer. É preciso definir limites e criar seus filhos para que eles se comportem bem. Então continuamos com as represálias.

Continuamos a criar nossas filhas. Estabelecemos limites nítidos. E nos jogamos na estrada, pesquisando hotéis, no telefone, e dirigindo para o norte. Para Åre. Porque como a família não funciona quando somos apenas nós quatro, Svante acredita que, se nos rodearmos de pessoas em hotéis e restaurantes, tudo correrá bem. Ou pelo menos melhor, e "tudo vai dar certo, vocês vão ver".

E o raciocínio masculino funciona! Apesar do suor, estresse e lágrimas na pista de esqui infantil, estamos bem novamente. Nós funcionamos.

Aprendemos a esquiar, bebemos chocolate e comemos cachorro-quente com batata frita.

À tarde, nadamos na piscina e depois comemos no restaurante.

Foi maravilhoso.

Adiamos o problema e varremos tudo para debaixo do tapete para aproveitar um feriado e ter um pouco de paz e tranquilidade. Priorizamos a superfície em vez do conteúdo, como aprendemos a fazer. Escondemos nossos defeitos e nossa fraqueza. Fixamos o olhar na estrada à frente e nunca olhamos para o lado.

CENA 18
NIVELANDO

Seis meses depois de Greta ser diagnosticada, nossa vida se nivelou um pouco, e agora temos algo que se assemelha a um cotidiano e rotinas. Estamos em 2015, e ela começou a estudar em uma nova escola. Eu mesma limpei a agenda e estou trabalhando menos para economizar energia.

Beata está na quarta série. Ela só pensa em música e dança. Está completamente obcecada pelo grupo britânico Little Mix, e as paredes de seu quarto são um mural com fotos das quatro integrantes da banda: Perrie, Jade, Jesy e Leigh-Anne. Ela é um pequeno gênio musical.

Consigo decorar uma ópera em dois dias se for preciso, e não conheço quase ninguém que tenha uma audição melhor do que eu — exceto Beata.

Ela já cantou ao vivo para milhares de pessoas e participou de uma transmissão ao vivo no programa *Allsång på Skansen* e acertou cada nota, sem nem ficar nervosa.

Eu nunca ouvi ou vi alguém aprender música mais rápido que ela.

Mas, enquanto estamos completamente ocupados durante esse ano cuidando de Greta, os surtos de raiva de Beata aumentam. Seu mau temperamento se estende para além dos surtos normais de adolescentes, embora ela tenha apenas dez anos. Para além do que pode ser chamado de raiva e teimosia comuns.

Na escola, tudo funciona como deveria.

Mas em casa ela desmorona. Não consegue mais ficar perto de nós.

Ela se irrita com tudo que Svante e eu fazemos. Talvez seja porque conosco ela pode relaxar e descansar do jogo social. Ela é altamente sensível, e em nossa companhia, pode perder o controle e despejar sua frustração sobre sons, sabores, roupas e quase tudo que é muito cansativo de se absorver.

Beata não se sente bem. Mas ainda não sabemos de que forma ela não está bem. Também não entendemos quão exaustos estamos de tentar apenas fazer com que o cotidiano funcione. Nem o que essa fadiga pode fazer com o nosso discernimento.

CENA 19
QUANDO A GUERRA VIROU INQUILINA

O outono logo chegará, e a Europa passou pela maior crise de refugiados desde a Segunda Guerra Mundial. Apesar de essa crise toda não ter sido para as pessoas em geral, a menos que você trabalhasse como oficial no Conselho de Migração da Suécia ou fosse um bombeiro e tivesse que sair correndo para apagar incêndios em abrigos de refugiados todas as noites.

Nós achamos que nenhuma sociedade no mundo conseguiria lidar com a maior crise de refugiados desde a Segunda Guerra Mundial se nós, na sociedade civil, não arregaçássemos as mangas e tentássemos ajudar. Então fazemos o que está ao nosso alcance.

Beata e Greta querem fazer ainda mais, então sugerem que emprestemos nossa casa de verão em Ingarö como residência para refugiados. E, em novembro, uma pequena família se muda para lá. Providenciamos passagens de ônibus e comida, assim eles podem ficar lá até que o processo de asilo termine. Nos fins de semana, comemos comida síria com todos os vizinhos e vemos fotos de Damasco.

Greta só cheira a comida. Inclina-se sobre panelas e travessas com comida. Beata se senta em nosso sofá que emprestamos, suas costas eretas e um sorriso exemplar nos lábios. Bravamente prova da culinária síria. Svante e eu fazemos todos os esforços para sermos bons comensais.

Mas, mesmo que a guerra tenha se mudado para dentro de nossa casa — mesmo que a guerra tenha forrado nossas camas com lençóis estampados com temas da Disney doados pela moradia de trânsito *Refugees Welcome,* que fica em Sickla —, ela ainda está muito longe para entendermos.

E não importa o quanto tentemos, fazemos tanto esforço para dar pequenos passos à frente que mal conseguimos absorver mais informações, não importa o quanto desejemos. Estamos muito cansados.

CENA 20
A PIOR MÃE DO MUNDO

— Sua vadia dos infernos.

Beata está na sala de estar e arranca os DVDs de filmes da estante, jogando-os pela escada em espiral que dá para a cozinha. Houve um tempo em que tivemos longas e sérias conversas sobre o significado desse tipo de palavra, mas já faz muito tempo. Pippi e Madicken recebem o que aguentam. Não foi a primeira vez, e definitivamente não vai ser a última.

— Vocês só se importam com a Greta. Nunca comigo. Eu te odeio, mãe. Você é a pior mãe do mundo, sua maldita vadia dos infernos — grita ela enquanto Jasper Penguin cai na minha cabeça.

Depois vem um tanto de filmes infantis e mais uma centena de outros filmes. Beata vai para o quarto e bate a porta com tudo, chuta a parede com toda a força algumas vezes e novamente ficamos surpresos com a improvável força que as placas duplas de gesso têm. A parede aguenta o tranco, e os DVDs já estão arranhados faz tempo.

Nós também estamos bem arranhados, mas infelizmente não tão fortes quanto as paredes do quarto no andar de cima.

Pelo menos eu não.

É muito mais difícil ficar de pé depois do segundo golpe. Agora que chegou a vez da nossa filha mais nova.

Mesmo que o desmoronamento de Greta tenha sido mais agudo porque ela parou de comer completamente, esse é doloroso de um jeito diferente.

Com Greta foi tudo sobre quilogramas, minutos, dias, tabelas e estrutura. Tudo era quase demasiado nítido, e havia algo que proporcionava alívio em toda aquela situação emoldurada e organizada.

Com Beata, tudo é caos, coerção, confronto e pânico.

A única semelhança é o tempo — porque, em termos de idade, a explosão detonou exatamente ao mesmo tempo: o relógio da puberdade. Dos dez para os onze anos.

CENA 21

SVANTE RESOLVE TODOS OS PROBLEMAS E VIAJA COM BEATA PARA A ITÁLIA

Leva apenas algumas semanas para o nosso cotidiano voltar a desmoronar.

Acabei de começar a trabalhar no Teatro Estatal de Estocolmo, e me desgasto rapidamente. Os depósitos acabaram e a adrenalina não é suficiente como foi da última vez com Greta.

Nem um pouco.

— Vai dar tudo certo — diz Svante, e decide mudar o padrão, saindo com Beata em uma jornada para passarem tempo um com o outro e ter um pouco de paz e tranquilidade. Para fazerem coisas que todo mundo faz em viagens. Seja lá o que for.

Greta não pode viajar por causa de seu transtorno alimentar e, além disso, ela se recusa a andar de avião, por causa do clima.

— Viajar de avião é a pior coisa que alguém pode fazer — explica. Mas ela diz que, se isso for ajudar a irmãzinha, é claro que eles podem ir. E assim Svante e Beata pegam o voo para Sardenha e alugam um carro para chegarem a um bom hotel perto do estreito da Córsega.

Eles pulam na piscina e comem no restaurante, e o pensamento racional masculino funciona mais uma vez. A mudança de ares deixam Beata feliz e calma.

Por algumas horas.

Então ela entra em pânico e quer ir para casa. Tem lagartos e sons, está muito quente e ela não consegue dormir.

— Eu quero ir para casa agora — fala chorando.

— Mas não podemos ir para casa agora. Nosso voo é daqui a uma semana.

Ela não consegue suportar essa realidade.

Beata tem um ataque de pânico e chora a noite toda, e, até a hora do café da manhã, não passou.

Eles nadam na piscina, mas Beata só chora e quer ir para casa. Ela está com medo e não se sente bem.

Então Svante faz o check-out do hotel e embala tudo em minutos; eles entram no carro e ele dirige todo o caminho de volta para o aeroporto com Little Mix tocando no volume máximo.

Eles chegam em cima da hora para o voo da tarde que vai para Roma, e eu faço uma reserva para eles no voo da SAS para Estocolmo na manhã seguinte.

Svante encontra um bom hotel com possibilidade de reserva de última hora perto da Piazza Venezia, e do terraço do telhado eles veem o sol se pondo atrás da Igreja de São Pedro, que acaba por ser uma bela foto de Facebook, que muitos amigos gostam, escrevendo "aproveite!".

Svante deixa outra parte de seu raciocínio de varrer-para--debaixo-do tapete na cidade eterna e voa para as praias cintilantes de Arlanda. Beata está calma e satisfeita.

Estamos na véspera do solstício de verão de 2016, e voltamos a pé para casa de Arlanda. Nós quatro e Moses na coleira. Greta e Beata colhem flores para um buquê ao longo da Kungsholms Strand: sete flores de verão para colocar sob o travesseiro e sonhar com o futuro amor.

— Vocês acabaram de produzir 2,7 toneladas de dióxido de carbono — diz Greta a Svante quando ninguém está ouvindo. — E isso corresponde às emissões anuais de cinco pessoas no Senegal.

— Você tem razão — concorda Svante. — Vou tentar ficar em terra a partir de agora.

CENA 22

BALADA SOBRE O VERÃO DE 2016

O verão não será bom. Nenhuma das meninas pode viajar. Beata tentou, mas agora ela não quer mais. Sugerimos tudo o que é possível fazer na cidade, mas ela não quer.

Tudo o que propomos é respondido com um "cala a boca, seu idiota dos infernos". E Greta só consegue comer algumas poucas coisas que devem ser cozidas de uma maneira especial em casa, na nossa cozinha. Ela não consegue comer perto de outras pessoas e, embora seu peso tenha aumentado e se estabilizado, ela não pode perder nenhuma refeição.

Então ficamos em casa, no apartamento. Beata não consegue mais lidar com nenhum estímulo. Ela não nos suporta, e não suporta ouvir nossos sons. Tudo faz barulho demais e ela não consegue manter todos os pensamentos na cabeça. Eles são muitos, e muito acelerados. Até mesmo Moses a incomoda. Ele se encolhe debaixo do piano e faz o possível para ficar fora do caminho.

Nós precisamos ficar em silêncio.

Beata inventa brincadeiras que ficam muito difíceis, jogos que saem do controle e se tornam compulsivos, e, quando não funcionam como ela quer, ela fica furiosa conosco porque somos aqueles contra quem ela pode reagir. Mas não é o suficiente, e a frustração cresce. No final, ela cria compulsão em torno de tudo o que tem a ver com som, como algum tipo de mecanismo de defesa.

O menor barulho pode desencadear um surto. Então o restante de nós vai para o parque ou fazemos pequenos passeios entre as refeições. Observamos estufas e jardins ecológicos, e molhamos os pés no Lago Mälaren em Vinterviken.

Beata troca o dia pela noite. Ela dorme às cinco horas e acorda às três.

Mais ou menos uma semana depois, Svante, eu e Greta comemos no quarto de hóspedes em pratos de plástico para não dar um pio. Tudo está indo bem. Bem longe de estar bem, mas funciona de forma razoável, e pelo menos os dias vão passando. Comendo as férias de verão pelas beiradas com crianças que ficam na cama o dia inteiro.

De repente, às sete horas da manhã de certo dia, acordamos com o prédio inteiro tremendo. Dois vizinhos viajaram de férias e aproveitaram para mandar reformar os banheiros ao mesmo tempo.

Eles perfuram concreto, e não se pode ficar em casa porque o som é completamente ensurdecedor, mas Beata não pode sair, e isso vai durar mais duas semanas.

Em pouquíssimo tempo, a estrutura frágil que construímos desaba.

Nós rezamos e imploramos. Amaldiçoamos e xingamos.

O síndico tenta nos ajudar, mas é claro que todo mundo tem o direito de reformar seus banheiros, e ninguém pode fazer mais do que o que já foi feito. Mas nada disso ajuda.

Uma situação insustentável tornou-se consideravelmente mais insustentável, e nós nos revezamos em perder a calma. Em alguns dias, tentamos estabelecer limites e falar de forma severa, mas isso só piora ainda mais. Um dia, no meio de tudo que estamos passando, conseguimos agendar uma consulta no plantão da psiquiatria infantojuvenil e eu caio no meio do consultório e começo a hiperventilar.

Claro, eles querem nos ajudar, mas é difícil durante a temporada de férias. Pegamos o carro e vamos para o pronto-socorro do hospital infantil Sachsska, com arranhões nas mãos e braços e lágrimas no rosto, mas o hospital está fechado. Então, passamos alguns dias indo e voltando entre psiquiatria infantojuvenil e o pronto-socorro. Até que, por fim, conseguimos alguns comprimidos que fazem Beata dormir um pouco à noite.

Mas a família inteira já perdeu o chão.

Eu saio do emprego em Stadsteatern e tomo antidepressivos e calmantes, esperando que as férias de verão e as reformas nos banheiros acabem.

Nós gritamos. Chutamos as portas. Arranhamos e somos arranhados. Nós batemos contra as paredes. Lutamos. Choramos. Pedimos ajuda e resistimos. Mas, lentamente, um entendimento melhor entre nós se forma e, com isso, a jornada de Beata começa.

CENA 23

NAS ENTRELINHAS

O número de diagnósticos aumentou explosivamente nos últimos tempos. A razão disso é, naturalmente, que o número de complicações para aqueles com diferentes diagnósticos *suspeitos* aumentou — complicações que muitas vezes estão relacionadas ao estresse.

Mais pessoas simplesmente têm uma razão para investigar por que seus cotidianos não funcionam da mesma forma que o cotidiano da maioria das pessoas parece funcionar.

Mais e mais pessoas precisam de auxílios que, por exemplo, descrevem que elas têm uma deficiência: ferramentas que chamamos de diagnósticos. Por isso os diagnósticos são bons: eles salvam vidas.

O fato de não sabermos como os diagnósticos funcionam e que são constantemente alimentados com modelos equivocados, muitas vezes fazendo mais mal do que bem, é outra história.

Autismo, TDAH e todos os outros distúrbios neuropsiquiátricos não são deficiências em si. Em muitos casos, pelo contrário, pode ser que sejam superpoderes, ou aquela coisa que tantas vezes ouvimos artistas falarem: pensar fora da caixinha. Artistas como eu, por exemplo.

Mas as complicações que podem surgir do diagnóstico podem ser comparadas com uma deficiência; uma deficiência criada por causa da ignorância, imperícia, discriminação ou incapacidade para a adaptação social que é necessária, mas que raramente é feita.

A deficiência pode ser carregada por muitos. Como família, você pode aliviar, abrir o caminho e compartilhar as complicações, e isso ajuda. Com a assistência e a adaptação corretas, os problemas muitas vezes diminuem conforme a idade aumenta. Mas, se você não conseguir ajuda, nossa experiência mostra que os problemas geralmente se espalham rapidamente, e famílias inteiras correm o risco de se tornar mais ou menos codependentes ou codeficientes.

É exatamente isso que está acontecendo neste exato momento na Suécia em dezenas de milhares de famílias — famílias que vivem, em grande parte, à margem da sociedade sueca em uma alienação de cuja existência as pessoas parecem não fazer a menor ideia.

É claro, não há interesses financeiros aqui. Aqui não há grupos de lobby. Aqui, entre as crianças invisíveis e as famílias invisíveis, quase não há ninguém que tenha forças para falar. Isso consome todas as forças existentes, e eu realmente não tenho saco para escrever sobre isso. Porque, nas entrelinhas, há uma história que não pode ser contada.

Uma história que ninguém tem a força ou a capacidade de documentar. Porque aqueles que já estiveram lá nunca mais vão querer voltar e precisar relembrar. É muito difícil. É como um luto.

Essa história é muito humilhante para todos os envolvidos — e é por isso que tenho que contar.

Esse é o meu dever, pois tenho a oportunidade de me fazer ser ouvida. Tenho que falar sobre todos os telefonemas diários para professores e pais para facilitar e possibilitar um cotidiano. Para o professor de artesanato, o substituto de matemática, o pai do coleguinha. Ou sobre todos os milhares de e-mails para diferentes educadores tarde da noite para que as meninas possam ficar calmas e consigam dormir. Ser sempre forçada a ser a única a lembrar os outros de que o melhor para a maioria pode ser o pior para o indivíduo.

Grupos de ginástica que precisam ser trocados, apresentação de lição de casa que não vai funcionar. Excursões que podem precisar ser canceladas. Remédio que acaba e farmácias que não receberam a receita médica. Todos os substitutos que nunca aparecem, noites sem dormir, filas de telefone na psiquiatria infantojuvenil e bilhetes que a escola manda e que nunca chegam.

Vizinhos que reclamam, paredes quebradas e amigos que ficam decepcionados e param de entrar em contato. Todos os celulares, computadores e contas de Instagram que você quer mandar para o inferno.

Todos os antidepressivos e calmantes. Dias em que não posso dormir em casa porque tem barulho demais. Concertos e músicas que preciso estudar no porão. Amigos que disseram coisas no Snapchat.

Todos os dias que você não consegue suportar, ou que nem mesmo quer suportar. Todos os dias que são apenas uma única escuridão, sem esperança. Todos os dias — todos os dias durante cinco anos — que a nossa família não podia comer junta ou mal conseguia ficar no mesmo cômodo.

Adesivos do Movimento de Resistência Nórdica na porta de entrada e fotos da nossa casa que são postadas on-line e noites em que fomos para o pronto-socorro da pediatria psiquiátrica e comemos um sanduíche de queijo na sala de espera e voltamos para casa porque tudo era apenas uma tentativa nossa de estabelecer limites.

Todo mundo em casa. Crianças que não aguentam mais frequentar a escola.

Alguém tem que contar sobre um sistema escolar em que um em cada quatro alunos fica excluído. Esses alunos que ficaram sem certificado porque escolas-modelo que faturam dezenas de milhões em lucro "não conseguiram" contratar professores. O fracasso mais lucrativo do mundo.

Crianças com autismo que são forçadas a frequentar uma escola onde 82 por cento delas são vítimas de bullying. Todas as reuniões de emergência com as escolas e todos os pais e professores entrando em depressão. Todos aqueles que estão em uma situação pior do que a nossa.

As relações entre autismo, depressão e crianças que tiram suas próprias vidas.

As piores estatísticas. Meninas com anorexia.

E todo o pesar que nunca tem fim. Pesar, pesar por todas essas infâncias que estão irremediavelmente perdidas porque vivemos em uma sociedade que inclui menos e menos pessoas cada dia que passa.

Uma sociedade em que dedicamos todo o nosso tempo e esforço para nos adaptarmos e não, não requer nenhuma diferenciação de função neuropsiquiátrica para poder ver a realidade doentia que nos rodeia.

Mas a verdade ainda é que, às vezes, o mais saudável que se pode fazer é desabar. O problema é que isso não ajuda a longo prazo.

Por isso não desistimos.

Aconteça o que acontecer, nunca desistimos.

Estamos tentando.

Nós consertamos um ao outro.

Talvez nunca fiquemos curados, mas sempre podemos ser melhores, e nisso está nossa força.

Existe esperança.

CENA 24

DANÇA DE RUA

É terça-feira e acabamos de começar a nos recuperar de um fim de semana realmente infernal.

Na sexta-feira, uma nova professora de Beata veio e perguntou por que ela parecia tão cansada. Queria saber a que horas ela costumava dormir à noite.

— Meia-noite — respondeu Beata. A professora subiu pelas paredes e fez uma longa palestra (com a melhor das intenções, claro) sobre quando ir dormir e quantas horas você tem que dormir para conseguir seguir as aulas, e tudo o que ela disse fez Beata ficar tão estressada que ela não conseguiu dormir durante o fim de semana inteiro. Levou três dias para a família voltar a se montar, como um frágil castelo de cartas.

Mas hoje é terça-feira, e é hora de ir ao baile.

É importante chegar na hora certa, pois o estresse de chegar tarde às vezes é tão forte que se torna impossível sair de casa, para começo de conversa.

Então começamos cedo.

Como é de se esperar, Beata precisa evitar várias pedras da pavimentação.

Ela deve dar um passo com a perna esquerda primeiro e, se errar, tem que começar de novo. E eu tenho que andar exatamente do mesmo jeito que ela, o que é difícil, porque minhas pernas são mais longas, e é bastante cômico quando nós tropeçamos juntas ao longo da rua de um lado para o outro. Para frente e para trás.

O percurso tem menos de um quilômetro, mas leva quase uma hora, e é só comigo que ela tem essas compulsões. E eu entendo exatamente suas razões. Porque eu era exatamente do mesmo jeito com minha mãe — todos os meus tiques ficavam muito piores quando ela estava por perto.

Quando chegamos, descobrimos que tem um professor substituto, e isso não é nada bom, porque a aula vai ser diferente, e Beata não gosta que as coisas sejam diferentes do normal. Eu me sento do lado de fora e espero.

Toda terça eu fico esperando por duas horas. Não posso sair do lugar, nem mesmo ir ao banheiro, porque senão Beata fica preocupada. Ela precisa poder me ver através da fresta na porta o tempo todo.

Eu sinto o grave vibrar na parede e no chão. O que me deixa um pouco preocupada. O volume não costuma ser tão alto assim. Eu respondo alguns e-mails no celular e tento aproveitar o tempo que estou esperando. Depois de um tempo, dou uma espiada por uma brecha na cortina. A música troveja lá dentro, e oito meninas dançam dança de rua enquanto o substituto berra os passos da coreografia. A nona menina não dança nada — ela fica no meio da sala, com o dedo nos ouvidos, se sacudindo em choro. O corpo inteiro sacode.

Entro correndo e peço pela centésima vez que eles abaixem o volume, perguntando se eles não veem que ela está chorando. Mas o substituto não entende por que ele deveria se importar com isso, então levo Beata comigo e vamos para casa. E a dança se junta à longa fila de atividades em grupo fracassadas.

Mas, antes de sairmos, eu a abracei.

Um abraço demorado. Ela chora desesperadamente em meus braços e é terrível, mas pelo menos eu me sinto como uma mãe, e minha filha precisa de mim.

É a primeira vez em muito tempo que posso segurar minha filha amada em meus braços. É como voltar para casa depois de uma vida no exílio.

É o melhor instante.

De todos os possíveis.

CENA 25
A ABORDAGEM DE BAIXO ENTUSIASMO

É outono quando Beata é examinada para verificar se tem alguma deficiência neuropsiquiátrica. Estamos na última reunião individual na psiquiatria infantojuvenil antes da avaliação juntamente com Beata e a equipe da escola.

— Eu me lembro quando Beata ia se vacinar na escola e como ela ficou preocupada por semanas — diz Svante. — Chorou inúmeras vezes sobre isso. Então, quando chegou o dia, eu fui com ela na enfermaria da escola e, durante todo o tempo que estivemos lá, ela não fez uma careta sequer. Ela tirou a blusa de frio, levantou o braço e tomou a vacina sem medo algum. Parecia estar assistindo a um filme chato na TV. A enfermeira colocou o curativo, ela vestiu a blusa de frio de novo e voltou para a aula como se o ocorrido fosse a coisa mais óbvia e indiferente do mundo. Mas, quando ela chegou em casa à tarde, desmoronou completamente e teve uma explosão de raiva que demorou para passar. — Svante gagueja um pouco, como costuma fazer quando está chateado.

Vários diagnósticos se aplicam em partes, mas em nenhum lugar ela está completamente de acordo com os critérios necessários para obter um diagnóstico.

— Pode-se ter 90% de TDAH, 60% de autismo, 50% de transtorno desafiador opositivo e 70% de transtorno obsessivo-compulsivo — explica a psicóloga. Então, juntos, será mais de

100 por cento de transtorno neuropsiquiátrico, mas ainda não há um diagnóstico definitivo.

Quando ela terminou de falar, percebo que Svante, pela primeira vez em 15 anos, está chorando em público. Ele não costuma chorar de forma geral, mas agora ele não consegue parar.

— Vocês têm que ajudá-la. — Ele chora, soluça e repete a mesma frase várias vezes.

Finalmente Beata é diagnosticada com TDAH, com características de Asperger, TOC e TDO.

Se ela não tivesse sido diagnosticada, não teríamos conseguido fazer os ajustes que permitiram que ela conseguisse frequentar a escola e se sentir bem novamente. Se ela não tivesse recebido um diagnóstico, eu não poderia explicar a todos os coleguinhas e a todos os professores e adultos. Se ela não tivesse recebido um diagnóstico, eu não teria conseguido continuar trabalhando. Se Beata não tivesse recebido um diagnóstico, nunca teríamos tido a possibilidade de escrever este livro.

A realidade é cruel. A diferença é tangível, como noite e dia.

Mas agora ela tem o diagnóstico, e isso se torna um recomeço para ela, uma explicação, uma reparação dos acontecimentos passados.

Nossa filha frequenta uma boa escola. Uma escola com recursos, conhecimento e equipe competente. Uma das poucas que começaram a levar a inclusão, diferenças funcionais e adaptação individual a sério. Mas ainda são os esforços individuais e voluntários dos professores que fazem a diferença. Ela tem professores maravilhosos que fazem tudo funcionar. Ela não precisa fazer lição de casa. Nós optamos por não participar de atividades. Evitamos tudo o que envolve estresse.

E funciona. Em casa, aprendemos que a abordagem de baixo excitamento é a melhor. Aconteça o que acontecer, nunca devemos tratar raiva com raiva, pois isso faz mais mal do que bem. Nos adaptamos e planejamos, com rotinas e rituais rigorosos. Cada hora é programada.

Tentamos encontrar hábitos que funcionem. Às vezes, se algo inesperado acontece, tudo desaba, mas então começamos do começo. Nós nos dividimos. Cada um leva uma filha. Moramos em lugares diferentes.

Toda família tem um herói. Beata é nossa heroína. Quando Greta estava em sua pior fase, foi Beata que teve que dar alguns passos para trás e se virar sozinha. Se ela não tivesse feito isso, nada teria funcionado. Sem ela, não teríamos conseguido.

Eu sou a pessoa mais próxima dela, porque sou sua mãe. E nós somos tão parecidas que dá medo. Sou eu que a entende melhor, e ela sabe disso. Mas ela nunca admitiria.

Às vezes, faço tudo errado. Às vezes eu sou a filha. Não é sempre que consigo lidar com uma abordagem de baixo excitamento.

Mas eu a amo até o final dos tempos e além.

CENA 26

TERRENOS MAIS ELEVADOS

O fato de nossas filhas terem conseguido ajuda foi uma combinação de muitas coisas diferentes.

Em primeiro lugar, tratou-se de cuidados médicos existentes, métodos comprovados, aconselhamento e medicação. Mas, sobretudo, foi graças à nossa própria insistência, paciência, tempo, sorte e o fato de que várias pessoas agiram contra os regulamentos e fizeram o que não podiam, mas que ainda assim fizeram porque sabiam que estava certo. Foi como Greta e Beata conseguiram essa reparação.

E não pode continuar assim.

Uma sociedade não pode confiar na sorte ou na desobediência civil. A maioria dos pais não tem 250.000 seguidores nas redes sociais. A maioria dos pais não pode ficar em casa em tempo integral sem licença médica. A maioria dos pais não tem o benefício do status social correto.

2.
PESSOAS ESGOTADAS EM UM PLANETA ESGOTADO

Eu não aguento mais.
Ou aguento, mas vocês entendem o princípio.

Nina Hemmingsson

CENA 27
NEGAÇÃO

Um cheiro de amaciante sai de uma grade de ventilação na rua Fleming.

Estocolmo. Janeiro.

Cemitérios de árvores de Natal.

Uma chuva eterna, de três graus, se junta a mim em ruas com lama e neve. Durante os feriados de Natal e Ano-Novo, a cidade está quase vazia, todos os holmienses estão viajando. Todos estão em Los Angeles ou na Tailândia. Na Flórida ou em Sydney. Nas Ilhas Canárias ou no Egito.

Nós, os suecos, somos incomparáveis. Defendemos quase tudo o que se pode defender. Lutamos por refugiados, pessoas vulneráveis e contra a injustiça.

Do ponto de vista ecológico, por outro lado, não somos tão fantásticos — e, entre os piores de todos, estão pessoas como eu.

— Vocês, celebridades, estão para o ambiente assim como Jimmie Åkesson está para a sociedade multicultural — diz Greta durante o café da manhã.

Não é algo agradável a se dizer para alguém que gosta de multiculturalismo. Mas imagino que seja verdade. Não apenas para celebridades, mas para a maioria das pessoas. Todo mundo quer ser bem-sucedido, e nada pode refletir sucesso e prosperidade melhor do que luxo, abundância e viagens, viagens, viagens.

— Mas, se eu ficar doente ou impopular, não recebo uma coroa sueca sequer — tento. — Só porque você tem algumas oportunidades para se fazer ser ouvida e dar um exemplo, não precisa sempre ser obrigada a ter uma responsabilidade moral.

Mas Greta discorda. Ela olha minha página do Instagram. Ela está com raiva.

— Mencione uma única celebridade que lute pelo clima mundial. Mencione uma única celebridade que está disposta a sacrificar o luxo de viajar de avião ao redor do mundo.

— Eles lutam por outras coisas — digo sem conseguir pensar em um argumento válido.

— Ok! Mencione uma coisa pela qual eles lutam, exceto uma guerra possivelmente em grande escala que não poderia ser reparada no futuro. Se quisermos.

Ela tem razão, é claro. Se destruirmos o clima, nunca mais poderemos repará-lo, e as futuras gerações não poderão fazer nada, não importa o quanto queiramos.

E, claro, a humanidade luta pelas coisas erradas. Ou melhor: lutamos pelas coisas certas, mas, enquanto nós, através do nosso estilo de vida, prejudicamos a questão mais importante de todas, corremos o grande risco de, em última análise, lutarmos em vão.

Claro que nem todo mundo precisa se tornar ativista do clima. Mas o mínimo possível a se fazer seria pelo menos pararmos de destruir ativamente nosso ambiente e nosso planeta, deixando de exaltar nossos troféus de abate climático nas redes sociais.

E é claro que sou grande parte do problema.

Não faz nem três anos que publiquei selfies felizes tiradas no Japão. Um “bom-dia de Tóquio” e dezenas de milhares de curtidas chegaram ao celular.

No voo de volta, passei um dia inteiro olhando a Sibéria e o Oceano Ártico do meu assento, enquanto o ronco monótono dos motores dos aviões cantava sua nota única, na qual são liberados os gases do efeito estufa.

Algo doeu em mim. Algo a que anteriormente me referi como febre-de-viagem ou aerofobia, mas que agora começou a tomar outra forma, mais nítida. Algo estava errado.

Mas eu tinha me apresentado para oito mil pessoas, e os espetáculos foram gravados para a televisão japonesa, então minha viagem teve um propósito, pensei.

Como se a biosfera e os ecossistemas se importassem com a televisão japonesa.

A negação tem uma força enorme.

CENA 28
GULA

Uma atmosfera que seja equilibrada do nosso ponto de vista é um recurso finito; um recurso natural limitado que pertence igualmente a tudo e a todos os seres vivos. Com a taxa de emissão de gases poluentes de hoje, os recursos naturais acabarão em 18 anos.

Na melhor das hipóteses.

Em uma atmosfera que funcione para nós, a proporção de dióxido de carbono não deve exceder 350 partes por milhão, segundo os principais pesquisadores. Já passamos de 410 hoje, e, dentro de dez a doze anos, devemos chegar a 440. E assim por diante.

As emissões de uma pessoa em uma viagem de ida e volta em classe econômica Estocolmo-Tóquio são de 5,14 toneladas de dióxido de carbono de acordo com o serviço de compensação climática do próprio aeroporto de Arlanda. Isso corresponde, grosso modo, a uma pessoa consumindo 200 quilos de carne bovina dentro do tempo total de voo, que é aproximadamente 25 horas.

Não há dúvida de que nossos novos hábitos deram uma nova perspectiva às gulas dos antigos romanos e da aristocracia francesa do século XVIII.

As emissões médias para um residente da Índia são, segundo o Banco Mundial, de 1,7 tonelada por ano. Em Bangladesh, o volume é de 0,5 tonelada.

E não, não podemos mais falar de solidariedade e igualdade sem pensar em nossa própria pegada ecológica. A defesa da justiça é um mandato que nos está escorrendo por entre os dedos.

CENA 29
SIMBIOSE

Eu deveria ter escrito um livro de receitas. Um livro sobre biscoitos e compositores favoritos. Ou uma autobiografia de verdade. Lembranças de cantora.

Nada sobre estafa, medicação ou diagnóstico.

Um livro agradável. Talvez sobre yoga. Onde naturalmente me envolvo também em questões ambientais agradáveis: sacolas plásticas, desperdício de alimentos ou qualquer outra coisa que não seja percebida como inconveniente ou difícil.

Um livro positivo que não toque, de modo algum, em assuntos como distúrbios alimentares ou depressão. Ou que em alguns dias você não sai da cama porque não quer nem aguenta. Que alguns dias você pensa coisas em que não se deve pensar.

Eu não deveria ter escrito um livro sobre como eu me sentia.

Eu não deveria ter escrito um livro sobre como minha família se sentiu por longos períodos nos últimos anos.

Mas eu preciso. Porque nos sentimos como lixos. Eu me senti um lixo. Svante se sentiu um lixo. As crianças se sentiram um lixo. O planeta se sentiu um lixo. Até o cachorro se sentiu um lixo.

E nós tivemos que escrever sobre isso.

Juntos.

Porque foi quando percebemos por que nos sentíamos assim que começamos a nos sentir melhor.

Fomos obrigados a escrever sobre isso porque pertencemos ao grupo daqueles que receberam ajuda. Tivemos sorte, e às vezes acho que sairemos mais fortes dessa. Fortalecidos e inteiros. Acredito nisso muitas vezes.

E é hora de começarmos a falar sobre como nos sentimos. Precisamos começar a mostrar como as coisas são de verdade.

Vivemos em um tempo de abundância histórica. Os ativos comuns do mundo nunca foram tão grandes. Assim como as lacunas que separam pobres e ricos. Alguns possuem insanamente mais do que precisam. Outros não têm nada.

Ao mesmo tempo, o mundo ao nosso redor está cada vez pior. O gelo derrete. Os insetos morrem. As florestas estão devastadas e os oceanos e ecossistemas estão por um fio.

Assim como muitas pessoas ao nosso redor.

Pessoas que desmoronaram como nós desmoronamos, pessoas que ainda estão aos pedaços. Nossos amigos.

Aqueles que não conseguiram continuar andando.

Aqueles que não se encaixam.

Aqueles que não tiveram a sorte de encontrar o médico certo.

Aqueles que nem sequer se encaixaram nas estatísticas.

Todos aqueles que realmente vivem em simbiose com o planeta que habitam. Não aquela simbiose de que geralmente falamos, a vida ao rés do chão, em harmonia com a natureza.

Se trata de um novo consenso; um novo acordo.

Se trata de pessoas esgotadas em um planeta esgotado.

E essas histórias não se encaixam nos livros de receitas.

CENA 30
ASTROFÍSICA

Leva 23 horas, 56 minutos e 4.091 segundos para a Terra dar uma volta em torno de seu próprio eixo e completar um dia. Às vezes, parece que vai um pouco mais rápido, mas a velocidade é precisa até o último milissegundo. Por outro lado, há outras coisas que giram e que, sem dúvida, aumentam de velocidade — nossas vidas, por exemplo.

Quando eu era criança, dizia-se que um computador nunca poderia substituir um ser humano.

"Pense no xadrez! Um computador não consegue derrotar uma pessoa" era o que se dizia.

Então, em 1990, veio um homem chamado Ray Kurzweill que afirmava que, como a capacidade de computadores do mundo dobrava a cada ano, um computador derrotaria o melhor jogador de xadrez do mundo antes de 1998; tudo se tratava de pura lógica.

E ele estava certo: em Nova York, no dia 3 de maio de 1997, em uma das partidas de xadrez mais famosas do mundo, o campeão mundial de xadrez Garri Kasparov foi derrotado pelo programa de computador Deep Blue da IBM.

Assunto encerrado.

Hoje, Ray Kurzweil é chefe de desenvolvimento do Google e afirma que uma criança que vive no interior da África equipada com um smartphone tem acesso a mais informações do que o presidente estadunidense tinha apenas 20 anos atrás. De acordo com Kurzweil, inteligência humana artificial em computadores é apenas mera questão de tempo — uma matemática evidente que entrará em vigor no máximo até 2029. Isso diz muito sobre a velocidade em que nossa sociedade está mudando atualmente.

Mas não diz tudo.

Estamos experimentando mais coisas, sentimos mais, pensamos mais. Nas redes sociais, debatemos questões sociais em uma velocidade e extensão que fazem a década de 1990 parecer uma antiga comunidade agrícola.

Nada descansa, tudo deve ser polarizado. Tudo deve ser elevado ao máximo.

Nós produzimos mais. Consumimos mais. Na verdade, fazemos mais do que quer que façamos. Muito mais.

CENA 31

PENSE GRANDE NOS NEGÓCIOS E NA VIDA

Esse é o título de um dos livros mais vendidos do presidente estadunidense.

Pense grande!

Donald Trump encarna o pior da nossa sociedade. Ele é o fim do nosso tempo, mas há muito tempo vivemos no mundo dele. No mundo dos vencedores. Um mundo onde tudo tem que se expandir.

O mundo é como um carrossel que gira em um ritmo cada vez mais acelerado — cada vez mais rápido.

Mas qual velocidade é rápida o suficiente? Será que algum dia chegaremos a um ponto crítico, um ponto em que não vamos mais poder fechar os olhos para não ver todos aqueles que não conseguem se adaptar a essa velocidade, aqueles que caem com o movimento?

Todos aqueles que sacrificamos em benefício de uma sociedade com um crescimento eterno. Isso leva a um padrão de vida mais alto, porque a força motriz de se ter uma situação um pouco melhor e ficar um pouco mais perto da camada superior vertiginosa impulsiona tudo para a frente. É verdade que, às vezes, pode até soar bastante razoável, é só você fechar os olhos. Estamos prestes a quebrar o galho em que todos estamos sentados, tentando nos equilibrar.

O fato é que, no meio de todas as curvas de crescimento em ascensão, muitas pessoas se sentem cada vez pior. A solidão involuntária tornou-se uma doença crônica. A síndrome de *burnout* e outras doenças psicológicas não são mais uma bomba-relógio — a bomba já explodiu.

CENA 32

DOENÇAS RELACIONADAS AO ESTRESSE E DOENÇAS PSÍQUICAS EM NÚMEROS

A incidência de doenças mentais em crianças de 10 a 17 anos aumentou mais de 100 por cento em dez anos. De acordo com o relatório do Conselho Nacional de Saúde e Previdência Sueco de dezembro de 2017, quase 190.000 crianças e jovens adultos na Suécia sofrem de algum tipo de doença mental. Meninas e mulheres jovens se sentem pior, e 16 por cento de todas elas tiveram alguma forma de contato com a psiquiatria infantojuvenil. É quase uma em cada seis meninas na Suécia.

O número de diagnósticos de TDAH e autismo mais do que dobrou nos últimos cinco anos.

Estamos falando de dezenas de milhares de crianças com baixa ou nenhuma frequência escolar. A zona cinzenta no que diz respeito a essas crianças é grande, e o número de casos não documentados é gigantesco — porque esse é um lugar em que ninguém quer estar. Mas, nessas estatísticas incompletas, podemos identificar os contornos de um desastre.

E não há sinais de que a tendência esteja diminuindo ou aplanando.

Está acelerando.

CENA 33
DE SAIA E LUVAS DE BOXE

Estamos à procura das razões para o estado das coisas. Procuramos e acreditamos que em nenhum lugar na Terra as mulheres são consideradas iguais aos homens, e que as evidências disso são visíveis em todos os lugares, o tempo inteiro. Alguns exemplos são claramente mais óbvios que outros, mas, uma vez que você começa a procurar, as descobertas nunca terminarão.

A mulher mais forte não pode, grosso modo, ser comparada ao homem mais forte quando se trata de massa muscular ou capacidade pulmonar. Isso não significa que as mulheres não sejam mais fortes que os homens.

Tudo se trata do que entendemos por força e a quais propriedades damos maior valor. Mas ninguém pode negar que as qualidades que tradicionalmente associamos com sucesso e felicidade estão fortemente ligadas à fisiologia masculina.

Mais alto, maior, mais rápido, mais forte. Mais.

E, quando dizemos que queremos uma sociedade igualitária, isso significa, na prática, que, se quisermos que as mulheres sejam bem-sucedidas, muitas vezes devemos adotar as qualidades masculinas das quais nunca teremos condições de nos apropriar na mesma medida. Simplesmente temos que ser como o homem.

Nós devemos competir contra o homem nos termos do homem. Assim como a mulher naquela imagem icônica que arregaça as mangas e flexiona o bíceps, todas nós devemos nos tornar mulheres de saia e luvas de boxe: símbolos de uma luta que, no final das contas, nunca poderemos vencer. E se, contra todas a expectativas, vencermos, provavelmente vão dizer que não somos femininas — fortes demais, letradas demais e, seja o que for que fizermos, quase sempre estará errado e continuará assim até começarmos a tornar visíveis as estruturas que controlam esse mundo.

As estruturas que, a cada segundo que passa, derrubam cada vez mais pessoas daquele carrossel. Estruturas que muitas vezes submetem pessoas a correr risco de vida, porque as forçam a se tornar algo que não são para serem classificadas como bem-sucedidas. Ou simplesmente para estar de acordo com os modelos estabelecidos.

De acordo com a Agência Sueca de Seguro Social, o número de pessoas com licença médica por causa da síndrome de *burnout* é seis vezes maior do que era no ano de 2010. Seis vezes. Mais de 80 por cento dessas pessoas são mulheres.

Esses números falam em uma linguagem clara. Uma linguagem drástica.

E o fato de esses números não ocuparem mais espaço no debate social ou nos noticiários também conta uma história. Uma história que — mais uma vez — explica às gerações futuras o que, e quem, é considerado importante.

E o que, e quem, não o é.

O feminismo, por outro lado, é um conceito extremamente subjetivo, e muita gente se sobressalta quando ele é mencionado em uma perspectiva de sustentabilidade. A relação entre os dois merece uma seção separada em todas as bibliotecas bem abastecidas, mas, neste contexto, basta constatar que mulheres e pessoas com alta sensibilidade estão fortemente presentes nas estatísticas sombrias que formam as vielas de uma sociedade competitiva.

CENA 34
UMA FENDA HISTÓRICA

Como mencionado, estamos em uma crise de sustentabilidade. Mas também estamos em uma crise climática aguda. Não há quase mais ninguém que negue essa crise, e isso é bom. O problema é que o passo entre o ponto em que se reconhece a existência da crise e o ponto em que se entende o significado dela é muito longo. Extremamente longo.

Nós, humanos, permanecemos no meio desse passo atualmente — um vão onde tudo pode continuar como sempre esteve.

Acreditamos que sabemos o que a crise significa.

Todo mundo acha que todo mundo sabe.

CENA 35
UMA CARTA PARA TODOS QUE TÊM A OPORTUNIDADE DE SEREM OUVIDOS

Meu nome é Greta e tenho 15 anos. Minha irmã mais nova, Beata, vai completar 13 no outono. Não podemos votar nas eleições parlamentares, apesar de as questões políticas que estão atualmente em jogo afetarem toda a nossa vida, de uma forma que não pode ser comparada às gerações anteriores.

Se vivermos até os 100 anos, estaremos aqui um bom tempo, até no próximo século, e isso soa muito estranho, eu sei. Porque hoje, quando se fala sobre o *futuro*, geralmente significa apenas alguns anos à frente. Tudo além de 2050 é tão distante que nem sequer existe na imaginação das pessoas. Mas então eu e minha irmãzinha — espero — nem sequer teremos vivido metade das nossas vidas. Meu avô tem 93 anos e meu bisavô chegou aos 99, por isso não é impossível que tenhamos uma vida longa.

Em 2078 e 2080, celebraremos nosso 75º aniversário. Se tivermos filhos e netos, talvez eles queiram celebrar esses aniversários conosco. Talvez digamos como as coisas eram quando éramos crianças. Talvez contemos sobre vocês.

Talvez eles perguntem por que você, que teve a oportunidade de ser ouvido, não disse nada. Mas não precisa ser assim. É de fato possível que todos nós comecemos a nos comportar como se estivéssemos no meio da crise em que estamos.

Vocês sempre dizem que as crianças são o nosso futuro, que fariam qualquer coisa pelos seus filhos. Temos esperança quando vocês dizem isso. Se é realmente verdade o que dizem, por favor, nos ouçam — não queremos suas palavras de encorajamento. Não queremos seus presentes, seus voos charter, seus hobbies ou suas liberdades ilimitadas de escolhas. Queremos que vocês se posicionem com seriedade em relação a essa grave crise de sustentabilidade que está acontecendo ao seu redor. E queremos que vocês comecem a mostrar a realidade como ela é.

CENA 36
A ARMADILHA DO LUXO

De acordo com a Agência Sueca de Proteção Ambiental, liberamos na Suécia 11 toneladas de dióxido de carbono por pessoa por ano, se levarmos em conta o que produzimos nacionalmente e o que consumimos no exterior. De acordo com o Relatório Planeta Vivo da WWF, a pegada ecológica dos suecos está entre as dez maiores do mundo, e, se todos vivessem como nós, seriam necessários 4,2 globos terrestres.

Estamos convencidos de que ainda temos a oportunidade de escolher, que podemos comparar diferentes emissões umas com as outras. É como ser vegano para poder continuar viajando de avião. Como comprar um carro elétrico para continuar consumindo roupas da moda e comendo carne. Ou como um compensador climático para as coisas que *precisamos* fazer quando, da perspectiva da sustentabilidade, já estamos recompensados para além do que nossas mentes conseguem alcançar.

A verdade é que nosso crédito ecológico acabou quando passamos de 350 partes por milhão de dióxido de carbono na atmosfera. Mais especificamente em 1987.

CENA 37
ESMOLA ECOLÓGICA
E RESÍDUOS RADIOATIVOS

"A Suécia será o primeiro país livre de combustíveis fósseis do mundo", disse o primeiro-ministro quando leu a declaração do governo no outono de 2017. Uma fala muito bonita. Quase tão bonita quanto a fala de dois anos antes, quando leu a declaração do governo e disse basicamente a mesma coisa. Porque, com o gabarito na mão, não tem acontecido muita coisa nessa área ultimamente.

De acordo com uma revisão da Sociedade Sueca para a Conservação da Natureza em 2018, o orçamento ambiental sueco é de cerca de 11 bilhões de coroas suecas. Ao mesmo tempo, o orçamento do estado contém subsídios diretamente prejudiciais ao meio ambiente, no valor de 30 bilhões de coroas suecas, subsídios que tornam mais barata a liberação de gases de efeito estufa. Então, enviamos um caminhão de bombeiros cheio de água enquanto enviamos três caminhões-tanque cheios de gasolina — para extinguir um incêndio em massa.

Mas...

"Livre de combustíveis fósseis" é, sem dúvida, uma ótima expressão. Tanto favorável ao crescimento quanto radical. E pelo menos tão poderosa quanto a palavra "sustentável", embora com requisitos muito menores. "Livre de combustíveis fósseis" pode significar tudo, desde energia solar e fiascos ecológicos até desmatamento, comércio de emissões e resíduos radioativos.

Se o uso de expressões como "livre de combustíveis fósseis" significa que podemos adiar palavras como "mudança" para o futuro e, assim, estender nosso prazo de pagamento ecológico em vários anos, então é só continuar batendo no peito, dizendo que somos os melhores do mundo.

CENA 38
AS LETRAS MIÚDAS

Muitas vezes nos dizem que, em breve, teremos que lidar com apenas duas toneladas de dióxido de carbono *per capita* por ano. Ou que nós, suecos, devemos reduzir nossas emissões a um décimo do que elas são hoje, se quisermos nos adequar ao acordo de Paris. Mas todos esses cálculos dependem de coisas muito além do nosso controle. Como, por exemplo, invenções que ninguém inventou ainda, uma silvicultura e uma agricultura sustentáveis que não existem.

Ou como se nenhum outro dos quase oito bilhões de pessoas da Terra fosse decidir elevar seu padrão de vida e começar a seguir os hábitos que consideramos como um direito natural.

— Duas toneladas é um número lamentável — diz Kevin Anderson, da Universidade de Uppsala. — Na realidade, não significa muita coisa, acredito que é um resquício de um dos primeiros relatórios do IPCC da ONU, em que se pegaram números incompletos de emissões e disseram que eles precisavam ser reduzidos pela metade. Nossas emissões de dióxido de carbono devem ser zero, essa é a triste verdade.

Portanto, os números assombrosos podem muito bem ser o cenário dos sonhos, inatingível.

No entanto, isso não significa que tudo esteja perdido ou seja tarde demais. Isso significa que temos que mudar nossos hábitos. Agora.

CENA 39
O SONHO

Uma falsa realidade é quase a pior coisa que há. Há momentos em que, como uma pessoa que está a par da questão climática e da sustentabilidade, você se pergunta se perdeu a cabeça.

Se ficou louca.

Oportunidades que surgem quando você percebe que o que constitui o nosso cotidiano — tudo o que chamamos de normal — é muitas vezes o mais longe do normal que se pode imaginar.

Todos os momentos incompreensíveis quando tudo ao seu redor se transforma em cenário.

Como um quarto de hotel com ar-condicionado em uma cidade quente com vários milhões de habitantes. Um shopping com quatrocentas lojas. Dirigir no meio de uma tempestade de neve até se encontrar em segurança dentro de algo que chamamos de túnel de Söderled. Um supermercado com comida de todos os cantos do mundo. Ou a paz de espírito em encontrar o olhar amigável de uma comissária de bordo que fala sueco e que acena gentilmente quando você pisa a bordo de um voo da SAS em algum lugar do outro lado do globo.

Tudo isso são coisas que nós, e todos os que povoam nosso cotidiano, encaramos como naturais e que, em um piscar de olhos, nos levam à segurança, para longe do perigo.

Agora tudo isso se parece com a maioria das cenografias; uma decoração magnífica da idade do homem, o período antropoceno.

A festa acabou.

A brincadeira acabou.

Então uma janela se abre, e uma nova luz preenche a sala. A irrealidade se torna realidade.

Tecidos e cortinas tremulam ao vento. Objetos de cena giram em redemoinhos. Máscaras e sons são removidos e se retraem tanto no palco quanto no salão. Tudo está de cabeça para baixo. De trás para a frente.

Nós, que apartamos nossa cultura da natureza e sempre colocamos a fachada em primeiro lugar, de repente atravessamos uma fronteira invisível. Um a um, paramos lentamente e ficamos em pé no meio do espetáculo que continua a ser encenado freneticamente ao nosso redor.

Mas o espetáculo já acabou, e agora é a hora de começar a mudar nosso comportamento. Derrubar a quarta parede. Parar de fingir.

Uma sociedade que prioriza a superfície em detrimento do conteúdo nunca pode se tornar uma sociedade sustentável. Será impossível resolver a crise climática e de sustentabilidade se não acabarmos com essa cultura que nos proíbe de falar sobre como realmente nos sentimos — o que há décadas e séculos optamos por ignorar e varrer para debaixo do tapete.

CENA 40

A ARTE DA MENTIRA

“Às vezes, o problema somos nós humanos.” O primeiro-ministro sueco fala sobre o clima em transmissão ao vivo da Casa do Parlamento.

— É mentira — diz Greta, e se levanta do sofá em frente à televisão —, ele está mentindo!

— O quê? — pergunto.

— Ele disse que o problema são os humanos, mas não é verdade. Eu sou humana e não sou culpada. Beata não é culpada, e na verdade nem você nem papai são culpados.

— Não mesmo. Você está certa.

— Ele diz isso só para que as coisas continuem como estão. Se todo mundo é culpado, não podemos colocar a culpa em ninguém. Mas alguém é realmente culpado, por isso que o que ele está dizendo não é verdade. São só umas cem empresas que respondem por quase todas as emissões. E tem alguns homens muito ricos que ganharam milhares de bilhões destruindo todo o planeta, mesmo sabendo dos riscos. Então o primeiro-ministro está mentindo como todo mundo.

Greta suspira.

— Nem todo mundo é culpado. São poucas pessoas, e, para salvar o planeta, devemos lutar contra eles, as empresas deles e o dinheiro deles, e fazer com que eles assumam a culpa.

CENA 41
CRESCIMENTO VERDE

Toda vez que vemos um político ou um gerente de sustentabilidade falar sobre o clima ou o meio ambiente, eles sempre dizem a mesma coisa — a saber, que nossas emissões devem diminuir.

E elas devem diminuir, com certeza. Entre 10 e 15 por cento ao ano, se quisermos atingir a meta do Acordo de Paris de diminuir a elevação da temperatura média global em dois graus.

Só que o problema é que as emissões que deveriam ser reduzidas, com poucas exceções, nunca diminuem. E, como uma ou outra exceção aconteceu como resultado de uma crise financeira global, talvez não seja tão estranho que essas reduções nem sempre sejam tão desejáveis para todos que pensam em uma perspectiva de tempo um pouco mais curta do que a de um museu de história natural. O que, grosso modo, inclui todas as pessoas na Terra.

Assim, as emissões continuam a aumentar, apesar de estarmos há muito tempo em níveis muito acima do que é necessário para manter um clima estável. A última vez que tivemos essa quantidade de dióxido de carbono na atmosfera, por exemplo, os níveis dos mares estavam cerca de 20 metros mais altos do que estão hoje.

E não, o aumento das emissões não é coisa do acaso. É uma escolha consciente, e elas continuarão aumentando até decidirmos que nosso principal objetivo não é mais aumentar o crescimento econômico, mas reduzir radicalmente nossas emissões: fechar as gruas de óleo o mais rápido possível e nos adaptar à nova realidade para a qual os pesquisadores do mundo incondicionalmente nos encaminham.

Isso não significa que o crescimento verde e sustentável não seja desejável, possível ou bem-vindo.

Mas agora não podemos ter outro objetivo principal além de reduzir emissões, porque todas as nossas margens acabaram.

CENA 42
CHATO PRA CARAMBA

Svante se senta na frente do computador e esfrega o rosto com força. Mandamos um rascunho do livro para leitura, e agora vamos avaliar o resultado. Ele se vira para Greta.

— Ok, alguns estão dizendo que está um pouco pesado na cena 41, eles acham que é muito mais divertido quando você e Beata estão envolvidas. Podemos colocar algo lá?

— Tipo o quê? — pergunta Greta, depois que acabou de selecionar algumas fotos de porcos em um ambiente de abate que espera que sejam incluídas no livro em uma discussão sobre os bilhões de animais que vivem suas breves vidas em uma esteira de produção só porque nós, humanos, nos demos o direito de industrializar a vida.

— Tipo, podemos escrever algo sobre vocês?

— Não — responde Greta secamente. — Vai ter um monte de coisa privada e outras coisas mais tarde. A estafa da mamãe e tudo mais que todo mundo adora ler sobre gente famosa. Este é um livro sobre o clima e é para ser chato. As pessoas que aguentem.

CENA 43
"NEGÓCIOS, COMO DE COSTUME"

Está acontecendo uma guerra de informação sobre as nossas futuras condições de sobrevivência em grandes partes do planeta Terra. Cientistas e organizações ambientais dizem uma coisa, enquanto empresas e lobistas dizem outra.

Graças ao desinteresse da mídia, nosso futuro ecológico foi reduzido a um jogo político em que é a palavra de um contra a de outro, onde o mais popular vence. E qual crise de clima e sustentabilidade vende mais? A que exige mudança ou a que diz que podemos continuar a fazer compras e andar de avião para sempre?

Adivinhe qual crise a maioria dos políticos representa. O único problema é que, quando se trata da opção mais popular, alguns pequenos detalhes foram omitidos. Por exemplo, que a crise é uma crise, não uma oportunidade para novos avanços econômicos. E, assim, a maior ameaça à existência da humanidade ao longo da história mundial é afogada em um mar de promessas de sustentabilidade de um crescimento "verde" eterno no futuro.

Aqui não se ouvem as geleiras derretendo. Aqui não se fala sobre como a agricultura industrial global ameaça nosso próprio futuro. E aqui ninguém conta como as florestas tropicais do mundo foram tão devastadas que não podem mais absorver o dióxido de carbono, e que agora são liberadas quantidades gigantescas dessa substância que envenena a atmosfera lentamente.

Uma das melhores qualidades do homem é a capacidade de se adaptar à mudança. E, embora nem sempre mudanças sejam bem-vindas, quase sempre nos adaptamos quando nos defrontamos com acontecimentos cruciais à nossa vida.

A sexta extinção em massa do planeta, que começou ao nosso redor, é um acontecimento crucial à nossa vida. O processo de degelo na Groenlândia, no Ártico e na Antártida é um acontecimento crucial à nossa vida. O fato de termos vivido em um momento extremamente incomum de estabilidade climatológica — estabilidade esta que possibilitou o surgimento de civilizações — e de que nosso estilo de vida fez com que essa era ficasse para trás é um acontecimento crucial à nossa vida. Mas essas histórias não são ouvidas porque nós as afogamos em um dilúvio de lixo.

Uma nova ordem mundial está batendo à nossa porta. Interesses econômicos astronômicos estão em jogo: mentiras, meias verdades e estatísticas criativas são amplamente compartilhadas de todos os cantos possíveis. Emissões são comparadas umas com as outras, embora todas as emissões devam diminuir drasticamente.

A aviação culpa os carros. A agricultura culpa a aviação. Os motoristas culpam o transporte marítimo. Porque é sempre mais fácil culpar os vizinhos do que cuidar de nossas próprias casas. E sempre tem alguém que deveria fazer mais do que nós. Sempre tem alguma lei internacional ou algum pequeno detalhe nos quais precisamos nos concentrar em vez de agir. Nosso futuro está em jogo e nos contentamos com um "certo, mas e os outros?". As emissões não diminuem, mas continuar como de costume beneficia a tudo e a todos!

Sim, tudo exceto a vida futura na Terra, é claro. Mas quem se importa?

Colocamos nosso destino nas mãos da boa vontade dos outros. E fazemos isso em uma época em que até mesmo doentes e crianças com deficiência precisam gerar lucratividade econômica.

O que pode dar errado?

CENA 44
PARA INGLÊS VER

— Pelo menos o Donald Trump é honesto. Ele está investindo em empregos e dinheiro e não dá a mínima para o acordo de Paris, então todo mundo acha que ele é extremista. Mas nós fazemos exatamente a mesma coisa — diz Greta.

Estamos vendo a reprise do debate dos líderes partidários no aplicativo do canal SVT-Play. Svante sai e vai passear com o cachorro. Ele não suporta assistir, fica com raiva demais.

— Nossas emissões estão entre as mais altas do mundo — continua Greta, indignada. — E agora quase todos os líderes partidários estão dizendo que não devemos nos concentrar em nossas *próprias* emissões, mas sim ajudar os países vizinhos que são claramente piores que nós, embora nossa pegada ecológica seja muito maior! E ninguém diz nada?

Ela se senta no sofá com o computador no colo. Do lado de fora da janela, o calor do alto verão já chegou, embora mal tenhamos virado a página do calendário para o mês de maio.

— Estamos em oitavo lugar no mundo — continua. — E temos que ajudar os outros? E os Estados Unidos? E a Arábia Saudita? Somos nós que precisamos de ajuda. E os apresentadores não dizem nada, porque não sabem que já exportamos nossas emissões para outros países. Ninguém sabe por que ninguém fala sobre essas coisas. Todo mundo reclama dos fatos alternativos de Trump, mas somos ainda piores que ele, porque nos enganamos e acreditamos que estamos fazendo coisas boas pelo ambiente.

No dia seguinte, os jornais fazem uma revisão factual do que foi dito durante o debate. Mas o que está sendo examinado são coisas completamente diferentes das que estamos falando aqui. Eles discutem a velocidade em que o gelo realmente derrete. É realmente 200.000 metros quadrados de gelo por minuto que derretem *todo mês* ou será que pode ser um pouco menos? O fato de que a maioria dos líderes partidários reduzem pela metade as emissões da Suécia em suas declarações não perturba ninguém. Greta lê o artigo na hora do café e comenta:

— Um dia não vamos conseguir atingir o objetivo ambiental. No outro dia, vamos expandir todos os aeroportos, triplicar o número de passageiros e construir estradas com soluções climáticas inteligentes. Dizem que os céticos ambientais são idiotas. Mas todo mundo é cético ambiental. Todos nós somos.

CENA 45

OS OTIMISTAS

No verão de 2017, seis importantes pesquisadores e responsáveis por tomadas de decisões em questões ambientais escreveram na revista *Nature* que, na época, a humanidade tinha três anos para fazer com que a curva de emissões invertesse de direção, abruptamente para baixo. *Três anos para salvar o planeta*, como diz o título do artigo, em tradução livre, e se não conseguirmos corremos um grande risco de não alcançar o objetivo de dois graus do Acordo de Paris e, por isso, começar uma espiral negativa de catástrofes climáticas muito além do nosso controle.

A menos que o mundo esteja pronto para fechar quase todas as fábricas em 2025 e deixar todos os carros e aviões estacionados enferrujarem lentamente, enquanto comemos o que resta na despensa. E os autores do artigo não são considerados alarmistas.

"Esses são os otimistas", escreveu o *Washington Post.*

Agora, um ano já se passou e não vemos sinais das mudanças revolucionárias que são necessárias quase em lugar nenhum, nem da mudança de que precisamos desesperadamente. Ouvimos muitas vezes dizer que "a Suécia é um país pioneiro". Mas a verdade é que ainda não tem nenhum país pioneiro. Pelo menos não na nossa parte do mundo. Porque nossa luta climática não é sobre salvar o clima — o que estamos tentando fazer é continuar a viver como vivemos.

CENA 46

ANNO DOMINI 2017

2017 foi o ano em que nove milhões de pessoas morreram por causa da poluição ambiental.

Foi o ano em que mais de 20 mil cientistas e pesquisadores emitiram um aviso contundente para a humanidade explicando que estamos caminhando para um desastre climático e de sustentabilidade; o tempo não espera.

2017 foi o ano em que pesquisadores alemães afirmaram que de 75 a 80 por cento dos insetos haviam desaparecido. Não muito tempo depois que o relatório chegou, a população de aves na França "entrou em colapso" e algumas espécies de aves diminuíram em até 70 por cento, porque as aves não têm insetos para comer.

2017 foi o ano em que 42 pessoas detinham mais dinheiro do que metade da população mundial. Quando 82 por cento do aumento total da riqueza mundial foi para as mãos do *um* por cento mais rico.

Foi quando o gelo marinho e as geleiras derreteram em velocidade recorde.

Quando 65 milhões de pessoas estavam em êxodo.

Quando furacões e torrentes causaram milhares de mortes, afogaram cidades e deixaram nações em pedaços.

Foi também o ano em que a curva de emissões voltou a subir ao mesmo tempo que a quantidade de dióxido de carbono na atmosfera continuou a aumentar, a uma taxa que, em uma perspectiva geológica maior, só pode ser comparada a pressionar o botão WARP em um filme de *Jornada nas Estrelas*.

CENA 47

NÃO, CHEGA DE TEXTOS SOBRE O CLIMA

— A questão climática está em alta. É superimportante. Mas eu quero que você escreva sobre outros tópicos.

Uma vez por mês, escrevo nos jornais *Mittmedia* e *Dalarnas Tidningar*, e hoje é o prazo final para novembro. Minha prudente editora acaba de receber mais 3.000 caracteres sem espaço sobre o clima e, nas entrelinhas, ela grita sua frustração:

— Eu não quero mais textos sobre o clima!

Nós concordamos com ela. Svante e eu também não queremos mais textos sobre o clima. Quero escrever sobre outras coisas. Coisas que eu e o jornal acordamos que eu iria focar. Cultura. Atividades na zona rural. Humanitarismo. Escola Municipal de Música. Antirracismo ou qualquer outra coisa, na verdade.

Eu quero ser como outros colunistas que escrevem sobre tudo que seja possível, e talvez a cada dois meses ir contra a corrente com uma crônica sobre o clima, depois voltar a escrever sobre comida de hospital, chamada dos árabes para o salá em Sundsvall ou algum outro fenômeno social atual sobre o qual todos estão falando.

Eu quero pensar como todas as outras pessoas quando elas listam as questões mais importantes antes do movimento eleitoral e mencionam cinco ou dez coisas diferentes que recebem muito pouco foco e das quais devemos falar mais. Também quero listar a ameaça climática como número três, depois talvez da escola e da saúde.

Mas agora as coisas são como são. E, por mais que eu tente, não dá, fico fascinada por aquelas pessoas que conseguem se envolver em outras questões. É como estar no início do século XX e se empolgar por coisas que não afetam de forma alguma se tratam de sufrágio universal, condições de trabalho da classe trabalhadora, a emancipação feminina ou o direito de pertencer a um sindicato.

Fora que isso é muito, muito mais dramático. Você me entende, não é? Porque, há cem anos, não tinha um relógio gigantesco contando o destino de todas as futuras gerações diante dos nossos olhos.

Svante e eu ouvimos muitas vezes que "a questão é grande demais". "Não dá para processar."

Isso é verdade e não é verdade ao mesmo tempo.

É realmente muito fácil assimilar o problema, se você quiser. Se você está preparado para fazer o sacrifício, renunciar a quaisquer privilégios e dar alguns passos para trás.

Porque a questão climática em si não é difícil ou grande demais para ser assimilada. Mas ela é muito desconfortável.

É como dormir um sono gostoso e pesado em um canto morno de um saco de dormir enorme dentro de uma barraca encharcada de chuva. Você não quer levantar e resolver o problema. Você quer dormir mais. Como todo mundo.

Minha última coluna no jornal *Dalarnas Tidningar* é sobre o *Mittmedia*, que publicou repetidamente artigos de debates não contestados escritos por céticos ambientais. E que minha consciência não me permite trabalhar para jornais que dão espaço editorial a pessoas que negam a existência da crise climática do holocausto.

Mas a *Mittmedia* não tem planos de mudar, então eu me demito. E minha última coluna nunca foi publicada.

CENA 48
PESQUISA EM CIÊNCIAS

— Novo recorde!

É sábado de manhã e Greta entra na cozinha, acenando alegremente com um papel sulfite cheio de números e colunas.

— Mais de um por cento é sobre o meio ambiente ou o clima. A maioria são pequenas notas ou textos antigos, é claro, mas mesmo assim.

Tudo começou quando sentimos que em breve não aguentaríamos mais ler jornal porque só havia notícias terríveis, o tempo todo.

— É só crise atrás de crise. Guerra, Trump, violência, crime e clima.

Greta não achava que essa descrição da realidade fosse congruente com a visão que ela tinha, mas muitos diziam a mesma coisa: diziam coisas horríveis sobre o clima.

Nossa filha achava que quase nunca se escrevia nada sobre meio ambiente e sustentabilidade, então decidiu procurar por si mesma.

Ela começou registrando regularmente o que os quatro maiores jornais suecos escreviam em seus sites de notícias — e o que eles não escreviam.

Quantos artigos eram sobre clima e meio ambiente? E quantos eram sobre coisas que estavam em contradição direta com o assunto — como viagens de avião, compras ou carros? O resultado era sempre praticamente o mesmo. Clima e meio ambiente oscilavam entre 0,3 e 1,4 por cento, enquanto os outros temas eram significativamente mais altos.

Quando um dos maiores jornais da Suécia iniciou uma ação climática que *permearia todo o corpo editorial*, Greta seguiu as reportagens durante cinco semanas seguidas e o resultado não foi tão impressionante.

Compras 22 por cento, carros 7 por cento, viagens aéreas 11 por cento.

E a questão climática 0,7 por cento.

Toda vez que ela checa, os resultados são praticamente idênticos, não importa qual seja o jornal.

Greta é o tipo de pessoa que acompanha o que ela acha importante, então todas as manhãs lemos com ela todas as manchetes de jornais no site foregasidorna.se.

— Vou escrever quando o clima for a notícia mais importante — diz.

Mas essa anotação ainda não existe.

E já faz dois anos que estamos checando.

CENA 49
O PRINCÍPIO DA PROXIMIDADE

Estamos passeando com os cães, e caminhamos até o parque circular atrás da rua Fleming. Svante olha mecanicamente para o celular. O verão de 2017 acabou, e Moses tem uma companhia. Uma irmãzinha que adotamos há seis meses.

Roxy é uma labradora preta pelo menos tão desobediente e amorosa quanto seu irmão mais velho. Se não fosse pelos entusiastas da ONG Cachorros sem Lar, ela teria que terminar seus dias em uma gaiola no sul da Irlanda. Mas agora ela está aqui com Moses, e os dois caminham alegremente, esfregando os focinhos em cada folha de grama que veem. Eles nunca se cansam.

O verão foi bem medíocre do ponto de vista climático sueco, e, das ondas de calor fatais do sul da Europa, não notamos nada. Mesmo assim, julho foi o segundo mês mais quente já registrado na Terra até agora. E nós aqui com nossa temperatura amena. Bem típico.

Semana passada, o nosso *feed* de notícias foi preenchido com volumes de água, que, por outro lado, eram tudo, menos amenos. "Fake news", escrevem os céticos ambientais no Twitter. Mas as fotos em que viadutos inteiros em Houston se transformaram em lagos de dez metros de profundidade eram, infelizmente, bem verdadeiras.

Também não foi ameno em Serra Leoa. Assistimos a um vídeo no celular enquanto os cachorros continuam cheirando a tudo que veem e puxando a coleira. Em Serra Leoa, tiveram três vezes mais chuva que o normal.

"Nossa casa ficava aqui" diz o homem na notícia de jornal a que assistimos da tela do celular. "Morávamos aqui" ele continua, apontando para um monte de barro vermelho. A câmera sobrevoa o que há poucas semanas era um bairro inteiro, nas proximidades da capital, Freetown, mas agora ninguém vê o menor sinal de civilização. Nada de alicerces, chaminés ou sucatas de carros. Apenas barro. Solo vermelho-cinzento de deslizamento.

O homem conta como ele sente falta de colocar seus filhos para dormir à noite.

Como sente falta de cantar canções de ninar para eles.

Ele perdeu absolutamente tudo.

A esposa, os filhos, a casa, e agora caminha pelo que resta de sua pequena parte no mundo e mostra a devastação para um repórter da televisão britânica. Mas não há nada para mostrar. Apenas um morro com lama vermelho-cinzenta e alguns voluntários se movendo lentamente ao fundo. Fora isso, tudo vazio. Milhares de pessoas viviam aqui. Aqui as famílias tinham um cotidiano.

Uma vida.

Pessoas que acordavam, tomavam café da manhã e mandavam seus filhos para a escola antes de irem trabalhar.

Pessoas como nós.

O repórter chora e faz o melhor possível para transmitir o destino do homem pela televisão, embora ele provavelmente já saiba que esse também será afogado, em um tipo completamente diferente de lama — um barro ocidental chamado *feed* de notícias e princípio da proximidade.

Ele tenta fazer uma reportagem emocionante, mas o homem da favela de Regent, na encosta do Sugar Loaf em Serra Leoa, não parece estar nem um pouco interessado em se juntar ao choro do repórter. Ele fica parado, sem mover um músculo do rosto.

Alguns se permitem todo o luxo possível. Outros não se permitem nada.

Mais de mil pessoas morreram na encosta do Sugar Loaf como resultado das pegadas de um clima extremo. O homem da Regent acabou de perder tudo e não se lamenta nem mesmo na frente das câmeras de TV.

CENA 50
O VALOR DO SER HUMANO

"É a mudança climática que está por trás disso", disse o presidente da Colômbia ao declarar, em abril de 2017, que centenas de pessoas morreram nos deslizamentos de terra resultados de fortes chuvas contranaturais que atingiram a Colômbia e o Peru.

Mas não foram muitos que deram ouvidos. E, quando são mostrados vídeos espantosos em que rios profundos de lama correm pelas ruas das aldeias a cinquenta quilômetros por hora — como lava de uma erupção vulcânica —, as redações dos jornais ocidentais mostraram um interesse moderado. Esses vídeos foram minimamente noticiados, como todas as outras milhares de histórias em que as pessoas vão ao encontro de destinos semelhantes.

Em jornalismo, isso tudo é chamado de *princípio da proximidade*. Isso significa, por exemplo, que um ato terrorista que ocorre na França será uma notícia muito maior do que se uma tragédia semelhante tivesse ocorrido no Iraque, já que consideram que a Suécia tem mais coisas em comum com a França do que com o Iraque.

Isso significa também que, quando ocorrerem fenômenos meteorológicos extremos, precisa ser muito importante para que se deem notícias deles, a menos que ocorram na Europa, nos Estados Unidos ou no Canadá. Ou na Austrália!

De acordo com o princípio da proximidade, a Austrália está, muitas vezes, mais próxima da Suécia do que, por exemplo, a Lituânia — apesar do fato de a Lituânia ser um país vizinho e membro da mesma união política que nós.

Países diferentes simplesmente têm valores diferentes. Cidadãos de diferentes países têm valores diferentes. Valor noticiário diferente, pelo menos. Mas não dá para dizer que o valor da notícia não esteja se infectando de outros valores. Por exemplo, como o da dignidade humana. Mas o que eu sei?

E o clima é apenas o clima, algo que, no contexto das notícias, acontece por si só. Sempre foi assim. Até agora, quando os cientistas do mundo traçam paralelos claros entre nossas emissões de gases de efeito estufa e o acirramento do clima que estamos testemunhando em todo o mundo.

Hoje você pode ler artigo atrás de artigo, e os principais especialistas explicam que o aquecimento global funciona muito como os anabolizantes quando se trata de tempestades. Nossas emissões tornam o clima extremo muito mais extremo — há uma conexão clara e cientificamente aceita.

Essa conexão precisa começar a ter consequências para quais notícias decidimos relatar e como vamos fazer isso.

CENA 51
MESMA DOENÇA, SINTOMAS DIFERENTES

Como nem uma única linha sobre o deslizamento de terra em Serra Leoa foi publicada na mídia sueca, imediatamente começamos a compartilhar a postagem no Twitter e no Instagram. Mas rapidamente somos jogados de volta ao nosso cotidiano quando o telefone toca.

Greta está triste. Ela não teve nenhuma aula durante o dia todo, porque nenhum professor apareceu.

Ainda faltam professores de várias matérias, e temos que ter outra reunião de emergência com a direção da escola. Ela está decepcionada; quando finalmente ganhou uma professora de ciências que era boa, ela parou de dar aula para a classe de Greta porque queria ter as segundas e sextas-feiras livres.

— Era para ser uma escola para crianças com necessidades especiais, mas não — reclama Greta. — É uma escola para professores com pedidos especiais.

Então é hora de ir para casa com os cachorros e começar novamente a fazer ligações, tentando colocar o cotidiano de volta nos trilhos. Mas aparentemente o diretor está nas Filipinas e não há ninguém que saiba alguma coisa sobre o horário ter mudado quatro vezes em duas semanas ou por quê.

— Deixa quieto, senão você afunda — diz Svante quando, com desespero no olhar, encaro a esquina da rua Fleming. Mas não posso deixar quieto, porque, se eu deixar quieto, alguém tem de assumir meu papel, e essa pessoa não existe. Eu entendo exatamente o que ele quer dizer, mas não posso me imaginar deixando quieto. É uma impossibilidade.

À noite, quando todos vão dormir, me sento no sofá e choro todas as preocupações que as crianças não podem ver e que preciso guardar dentro de mim.

O choro flui pelo corpo e escorre pelas mãos como em uma inundação de amargura e essa merda toda do inferno.

Toda aquela frustração de nunca conseguir largar mão do controle. E depois me lembro de todos os e-mails que não consegui enviar para informar a todos os professores e pedagogos com quem não consegui falar sobre a situação na escola, e escrevo até minhas mãos ficarem dormentes e o telefone trava e perco o tato no braço e eu odeio tudo, eu me odeio e odeio todo mundo.

Não aguento mais explicar.

Não aguento mais pedir ajuda.

Preciso fazer uma nova massa de waffle para o café da manhã, e nova melatonina, e oxazepam, e ligar para o médico que está de férias, e nossa família tem que discutir por tudo, e eu tenho que ficar triste e preocupada e... ansiedade, ansiedade, ansiedade como duas toneladas de cimento sobre meu peito, e não consigo mais.

Tem que sair. Tem que sarar.

Eu fico acordada a noite toda, lendo sobre pessoas que estão em situação muito pior do que a minha.

Leio sobre todas as pessoas esgotadas em um planeta esgotado, em que o clima, o vento e o cotidiano estão aumentando com força, dia após dia.

E acho que todos esses são sintomas diferentes de uma mesma doença: uma crise planetária que surgiu porque viramos as costas um para os outros. Nós viramos as costas para a natureza.

Nós viramos as costas para nós mesmos, penso repetidamente até pegar no sono.

Em uma cama longe das cidades cobertas por chuva e da lama no Sugar Loaf em Serra Leoa.

CENA 52
ESTRAGA PRAZERES

No dia seis de março de 2016, peguei um voo para casa, vindo de um concerto em Viena, e, pouco depois, decidi ficar no chão para sempre. Uma atitude necessária em um clima de debate no qual não se poderia tomar uma posição a favor ou contra qualquer coisa sem ser cobrado "sim, o que você faz então?".

Porque nosso desprezo pela hipocrisia é tanto que preferimos sacrificar a única forma conhecida de vida inteligente no universo a abraçar nossa boa vontade imperfeita.

Foi uma decisão necessária para eu ser ouvida. Pois como poderíamos dar início à maior concentração de forças da história do mundo se não formos ouvidos?

A viagem aérea resume todo o debate climático, e as pesquisas científicas são claras, mas não queremos ouvir. Parar de andar de avião obviamente não se trata apenas da viagem aérea em si.

Se trata das espécies da Terra morrendo em um ritmo que é até mil vezes maior do que o considerado como uma taxa normal de extinção.

De todas as nossas emissões sendo reduzidas a zero e, em seguida, diretamente para valores negativos com invenções que ninguém inventou ainda. De não ter formas sustentáveis de lidar com os hábitos extremos que decidimos ter como naturais. Como mover centenas de toneladas de chapas metálicas ao redor da Terra em questão de horas.

— Este é meu favorito — diz Greta, rindo abertamente —, se quisermos parar de viajar de avião, os trens precisam melhorar. É o que todo mundo diz! E o que isso significa na prática é que a mera possibilidade de um atraso é tão totalmente absurda que preferimos destruir as condições de vida de todas as gerações futuras a nos expor a esse risco

Greta acompanha Roxy com o olhar.

— Todos estão tão acostumados a ter tudo adaptado às suas próprias necessidades. As pessoas são como crianças pequenas e mimadas. E ainda reclamam de nós, crianças, porque somos preguiçosos e mimados. Eu sei que nós que temos Asperger não temos a habilidade de entender ironia, porque está no manual que todos os velhos escreveram sobre pessoas como eu, mas não acredito que ironia possa ser descrita de uma forma melhor.

CENA 53
"COMO UM METEORITO CONSCIENTE"

No Facebook, há um vídeo recente de um noticiário dinamarquês em que o apresentador pergunta ao convidado no estúdio se não é um pouco fanático parar de andar de avião.

— Acho mais fanático pensar que podemos viver com quatro graus de aquecimento — responde o convidado em inglês. — O verdadeiro fanatismo é acreditar que podemos continuar a viver como estamos vivendo, com os padrões que se aplicam à pequena elite que somos. Assim, parar de viajar de avião é o oposto de ser fanático.

Cerca de três por cento da população mundial se permite o luxo de embarcar em um avião todos os anos. Ainda que a viagem aérea seja de longe o pior que você pode fazer pelo clima no nível individual.

O convidado do noticiário da televisão dinamarquesa não pertence a esses três por cento. O nome dele é Kevin Anderson, e ele é conselheiro do governo britânico em questões climáticas. Ele é professor da Universidade de Manchester, professor convidado da Universidade de Uppsala e vice-diretor do internacionalmente reconhecido Centro Tyndall para Pesquisa sobre Mudanças Climáticas. E ele parou de viajar de avião em 2004.

— Tudo pode ser resumido em uma torta — costuma dizer. — Para limitar o aquecimento global a dois graus, temos uma torta limitada de dióxido de carbono, que contém todo o dióxido de carbono que podemos emitir. Quando tivermos consumido a torta inteira, não resta mais torta. Portanto, o último pedaço de torta que nos resta agora deve ser dividido de forma justa entre todos os países do mundo.

A ideia de uma torta comum é tão infantilmente simples que é, no sentido literal da palavra, revolucionária. Um orçamento significa que, mais cedo ou mais tarde, alguma forma de racionamento será necessária.

E lá — para começo de conversa — encontramos o início do fim da ordem mundial neoliberal que Margaret Thatcher e Ronald Reagan iniciaram há quase quarenta anos. Não é nem uma teoria, é pura matemática pré-escolar.

O Dilema, com D maiúsculo, é que nessa torta comum estão nossos utilitários, viagens de férias e o consumo de carne vermelha, lado a lado com a construção de estradas, hospitais e infraestrutura para bilhões de pessoas que até agora não fizeram mais que uma gota para criar os problemas que estamos enfrentando no momento.

E toda vez que escolhemos viajar de avião, comer carne ou comprar roupas novas significa que estamos reduzindo o orçamento de carbono para melhorar o bem-estar das partes menos afortunadas que a nossa ao redor do mundo. Tudo isso de acordo com as diferentes palestras de Anderson, que estão disponíveis on-line.

Esses são, sem dúvida, fatos extremamente difíceis de serem assimilados, mas não podemos mais nos permitir o privilégio de desviar o olhar e fingir que essa bifurcação existencial não está ali na nossa frente.

O avanço impressionante da sociedade moderna significa um número enorme de complicações para o planeta em que vivemos

— problemas que, isolados, seriam desafios difíceis o suficiente. A verdadeira preocupação é que estamos fazendo tudo ao mesmo tempo, na maior velocidade possível. O homem, diz Kevin Anderson, é como um meteorito consciente.

CENA 54
#EUNAOSAIODOCHAO

Ficar no chão provoca anéis na água. E causar anéis na água é o melhor que podemos fazer — pelo menos todos os dias que não têm eleições gerais para o Parlamento sueco.

Uma amiga me pergunta qual viagem aérea é desnecessária. As minhas, respondo. Tão desnecessárias quanto minhas compras e meu consumo de carne.

E não, ninguém está querendo dizer que será suficiente. Ninguém acredita que o poder do consumidor é a solução. Mas, se minha contribuição microscópica puder acelerar uma política climática radical, está ótimo para mim.

Mas cada um tem que viver sua própria vida.

Cada um tem de lidar com suas equações pessoais impossíveis.

Ninguém pode pedir que nós, seres humanos, nos posicionemos em relação a uma crise que ninguém trata como crise. Essa responsabilidade nunca pode ser imposta a nós enquanto indivíduos.

A viagem aérea coloca tudo em perspectiva, mas a sociedade que coloca o crescimento em primeiro lugar não aceita que o caminho à frente às vezes precisa de alguns passos para trás.

Somente para a frente é válido.

CENA 55
NA PSICÓLOGA

— Qual é a capital da França?

— Não lembro.

— Como se chama a montanha mais alta da Suécia?

— Eu não sei.

— Quem é o presidente dos Estados Unidos?

O ano é 2016, e eu vou até uma psicóloga para passar por uma investigação neuropsiquiátrica. Depois de centenas de horas de leitura, tenho certeza; depois de milhares de páginas, tenho uma imagem clara. Não apenas das minhas filhas, como também de mim mesma. Mas quero as coisas elucidadas, preto no branco.

Não porque eu acredite que isso vá mudar alguma coisa, mas quero saber mesmo assim. E, na pior das hipóteses, talvez possa ajudar as pessoas ao meu redor. Só que, para ser sincera, eu realmente estou cagando e andando para elas. Estou terrivelmente cansada e triste, e acho que talvez haja alguma coisa que alguém tenha pensado e que vai me fazer conseguir levantar da cama pela manhã.

Alguma coisa que faça com que minhas pernas me aguentem. Alguma coisa que me faça enxergar para além dessa escuridão sem esperança que predomina em todos os lugares. Então eu preencho todos os papéis. Respondo a todas as perguntas. Pela milésima vez.

A psicóloga está falando, mas mal ouço o que ela diz. Ou ouço, mas sou incapaz de formular as respostas. O pensamento trava. Eu quero pedir um pouco de água, mas não me lembro da palavra para aquela coisa que a gente usa para beber água.

Copo.

Não deveria ser tão difícil, mas não está mais lá. A palavra se afogou no som.

Para mim, tudo é música e sempre foi assim, mas sempre consegui desligar e ligar de novo quando quero, e agora não dá mais. O diagnóstico assume o controle. Eu tento empurrar meus pensamentos para um canto, mas o barulho entra e sai, por todos os lugares, o tempo todo.

Meu dom e minha maldição.

Meu superpoder, que quase sempre foi uma vantagem, mas que eu não consigo mais controlar, porque hoje em dia toda a minha energia é gasta para fazer com que tudo e todos tentem ser normais.

— Qual é o nome do presidente dos Estados Unidos? — repete a psicóloga, mas a única coisa que ouço é que ela fala de forma muito monótona, em sol menor.

Uma janela está entreaberta, e lá fora alguns pássaros cantam em sol menor, com a terça na base e as nonas na oitava de quatro tempos. Está desafinado. É agudo demais o tempo todo e me incomoda tanto que não ouço o que a psicóloga diz. Dói. Dor física.

Uma motocicleta passa na rua abaixo, em sol, fá, ré mi, mi bemol, o que é grave demais em relação ao acorde em fá com nona dos pássaros. Uma porta rangendo, um bloco de notas e uma cadeira raspando no chão formam um aglomerado de sons, e ouço gritos de dor pelo corpo todo.

Eu quero muito pedir um copo de água. Eu engulo minha saliva e pisco em câmera lenta.

Meus dedos estão dormentes, e a psicóloga faz uma pausa e sai da sala. Eu digo que quero ficar na sala e checar o celular, mas apenas me sento na cadeira e fecho os olhos.

Não tenho forças para me levantar.

Ela volta. Provavelmente tenho TDAH e mostro sinais claros de depressão e síndrome de estafa, diz ela. Mas a investigação vai demorar um pouco. Estou me arrastando até a farmácia a caminho de casa, mas os remédios acabaram.

— A receita não está no sistema — diz a balconista, com uma voz anasalada entre G, G#, A e Bb.

Um zíper, uma gaveta que fecha, uma criança chorando e um caminhão na rua em frente à porta formam um acorde de maj7 com a quinta na base. Me dá uma raiva enorme que o caminhão não esteja roncando na fundamental.

O remédio de Beata, Theralen, também acabou, e não achamos para comprar em quase lugar nenhum. Sem esse remédio, é melhor pôr fim a toda a nossa existência. Sem ele, tudo desmorona.

— Eles estão vindo em forma líquida, agora. Já experimentou o novo sabor? — pergunta o balconista. Não, nós não experimentamos o novo sabor e não experimentamos na forma líquida, porque é mais provável que Beata e Greta aprendam a respirar embaixo d'água do que conseguirem tomar medicamentos na forma líquida.

— Parece que ainda tem uma embalagem na farmácia Kronans, em Skärholmen.

Mas eu não consigo chegar a tempo em Skärholmen porque Greta acabou de mandar uma mensagem de texto: os funcionários da escola jogaram seu arroz no lixo porque não havia adesivo com data, que é o que eles têm de fazer, mas, como o TOC de Greta significa não conseguir comer quando vê jornais, papéis e adesivos, é difícil rotular a merenda que cozinhamos em casa, e explicamos isso um zilhão de vezes, e agora Svante está a caminho de Bergshamra para buscá-la. E eu tenho que ir para casa e cozinhar mais arroz Jasmine.

Mas primeiro tenho que comprar o remédio.

Eu ligo para meu velho amigo, e médico aposentado que me já me salvou tantas vezes, mas ele não tem um computador por perto e não vai poder me ajudar.

Reviro minha bolsa à procura de algumas das antigas receitas escritas à mão e pego uma pilha de moedas, passaportes das crianças, recibos, elásticos de prender cabelo e dois sacos rosas para cocô de cachorro, mas meus dedos não aguentam segurar nada, e, quando tudo cai de volta na bolsa, parece um tiro de revólver.

O celular toca junto com um aviso de mensagem de texto. Dois e-mails. O som me corta os ouvidos, como se alguém tivesse enfiado uma faca lá dentro. Eu tento pegar o celular para desligar o som, mas meus dedos ainda não conseguem segurar nada. É como o pesadelo que sempre tenho, no qual estou em pé no meio de uma guerra e tenho que avisar Svante e as crianças, mas não consigo escrever no celular ou encontrar o número deles.

Cãibra nos dedos.

Não consigo pegar a merda do celular.

Tento desbloquear a tela com o queixo.

Não dá.

Saio da farmácia e vou para o supermercado comprar lanches para as crianças, e tudo o que quero agora é ar.

Respirar.

Mas o ar não é suficiente.

Conforme os níveis de estresse aumentam, a inalação de oxigênio diminui, e, embora eu possa manter um tom por um minuto sem ter que respirar, a minha capacidade pulmonar não é suficiente para oxigenar meu cérebro e músculos. Então eu fico ainda mais estressada e consigo absorver menos oxigênio, e fica difícil pensar com clareza, e não quero mais existir.

Estou na calçada do lado de fora do Shopping Västermalm, extremamente cansada de todas essas minhas deficiências ocultas; todos os meus malditos problemas invisíveis. Imagine se eu pudesse simplesmente conseguir quebrar uma perna ou um braço. Uma fratura, uma pneumonia grave ou qualquer outra coisa que me force a ficar internada em um bom hospital por algumas semanas para que eu possa dormir o tempo todo.

Respirar.

Descansar.

CENA 56
NA SOCIEDADE DOS POETAS MORTOS

Houve um tempo em que colhíamos o dia com passaguá e anzol. Agora, vasculhamos o fundo dos oceanos em nossa busca constante pela autorrealização, desenvolvimento pessoal e experiências. Não há restrições. Tudo é possível.

"Veneza, as Ilhas Maldivas e Seychelles estão afundando no mar, as geleiras derretendo, as florestas tropicais são devastadas e a Califórnia está queimando. Aproveite a oportunidade para visitar esses lugares fascinantes, mas afetados pelas mudanças climáticas, antes que eles desapareçam para sempre."

O texto é bom demais para ser verdade.

Poderia ter sido tirado de um desenho em quadrinhos de Max Gustafson, mas a realidade sempre supera a poesia, e a citação vem da primeira página de uma edição de 2018 da revista *Perfect Guide*, um anexo do jornal *Svenska Dagbladet*.

O ecoturismo é um fenômeno real e constitui — limitado no tempo por razões naturais — fonte de renda para pessoas que vivem em muitos lugares vulneráveis. Como os Recifes da Barreira do Belize e da Austrália, Kilimanjaro com seu topo de neve e, claro, toda a área do Ártico. Venha e experimente antes que desapareça!

Quase uma geração inteira assistiu quando o personagem de Robin Williams no filme *Sociedade dos poetas mortos*, de 1989, ensinou a seus alunos o significado da expressão "carpe diem".

Ele era um bom professor. E nós éramos estudantes fenomenais. O Muro de Berlim caiu, as fronteiras foram abertas e o mundo encolhia a cada minuto.

As passagens aéreas tornaram-se mais baratas, a prosperidade aumentou e, de repente, o termo "viagem de fim de semana" deixou de ser algo que só pertencia ao vocabulário de pessoas com rendas exorbitantes que moravam em Strandvägen, em Estocolmo.

É claro que nem todos podiam se dar ao luxo de passar por um *jet lag* para ter a oportunidade de fazer compras em Manhattan durante qualquer fim de semana de outubro... mas muitos tinham.

Nem todo mundo tinha condições de se deitar em uma praia no sudeste da Ásia quando o inverno sueco congelava tudo. Mas alguns tinham.

Muito mais do que poderíamos sonhar quando saímos dos cinemas naquele outono de 1989, com as palavras de Robin Williams já firmemente enraizadas na nossa medula óssea.

"Carpe diem", disse o abençoado Robin, e saímos pelo mundo fazendo exatamente isso.

Mas nós não colhemos apenas o dia. Colhemos todas as semanas, meses e anos. Tudo em nossa busca de drinques ao pôr do sol, uma nova cozinha em design dinamarquês ou um par de sapatos que não podiam ser comprados em qualquer lugar perto de casa, no norte montanhoso. A realidade sempre supera a poesia.

CENA 57
DIA DE WAFFLE

Pouco mais de um ano se passou desde que a curva de peso de Greta começou a subir novamente. Agora ela come a mesma coisa todos os dias. Duas panquecas com arroz no almoço, que ela esquenta no micro-ondas e come no intervalo da escola. Ela come uma coisa de cada vez, e nunca coloca molhos ou coberturas. Sem geleia ou manteiga. O que ela come deve estar limpo, e ela é extremamente sensível aos sabores e cheiros. No jantar, ela come miojo com shoyu, duas batatas e um abacate.

Greta simplesmente não gosta de comer coisas novas. Só que ela gosta de sentir o cheiro de pratos diferentes. Quando ela estava pior, podia passar horas abrindo cada porta da despensa e cheirando as embalagens uma a uma. Se saímos para comer fora, ela cheira o buffet de salada ou de café da manhã do restaurante. Se não tiver buffets, sempre tem outras coisas para cheirar.

Um dia, uma demonstradora na mercearia oferece degustação de waffles com chantilly e geleia. Greta vai até lá e cheira os dez pequenos waffles que estão postos na mesa temporária.

— Você vai ter de comê-los — diz a mulher quando Greta já tinha quase enfiado o nariz na geleia com chantilly.

Greta enrijece quando a mulher do waffle a confronta.

— Ela tem síndrome de Asperger — interferi — e mutismo seletivo. Ela só fala com as pessoas mais próximas da família e tem um distúrbio alimentar, então não pode comê-los. Mas ela gosta de cheirar coisas — explico, tentando parecer o mais amigável possível. Mas o rosto da mulher não se suaviza nem um centímetro.

— Nesse caso *você* pode comê-los.

— Desculpa. Isso não vai acontecer de novo.

— Então come você — repete a mulher, com uma ênfase tão inesperada que não vejo outro jeito senão comer cada um dos mini-waffles com geleia e chantilly imediatamente, enquanto Greta me espera a uma distância estratégica da mulher do waffle, de mim e de todas as pessoas que passam e assistem ao que acontece com olhares surpresos.

Saímos para a rua Fleming e eu olho para Greta.

Ela desvia o olhar.

— Como assim? — diz ela — A pessoa tem que poder cheirar.

CENA 58
COAUTISMO

"É importante que, como pais, vocês não se deixem *levar* pelo diagnóstico, porque vocês podem facilmente se tornar coautistas, e, se vocês deixarem o diagnóstico ocupar muito espaço, o problema vai crescer."

— Tudo bem.

Ouvimos esse aviso desde o início, muito antes de suspeitarmos que o diagnóstico era realmente um diagnóstico.

Muitas de nossas brigas são sobre isso. Eu quero desafiar, explorar e descobrir coisas. De preferência para anteontem. Svante quer esperar e dar tempo ao tempo. Geralmente é assim na maioria das famílias, os psicólogos com que estivemos em contato dizem.

Entendemos tudo isso sobre o coautismo, e é verdade. Mas alguns dias escolhemos não entender. Alguns dias nós mandamos essa lógica para o inferno. Não porque fica mais fácil de lidar com as coisas.

É simplesmente porque, em alguns dias, escolhemos o diagnóstico, porque às vezes o diagnóstico está correto e a norma está errada.

CENA 59

TIQUE-TAQUE

Nem sempre é oito ou oitenta. O mundo é complexo.

Há sempre várias verdades diferentes, e, em uma sociedade aberta, todos os lados devem ter a chance de serem ouvidos na mesma medida. A imparcialidade que forma a base das democracias em nossa parte do mundo é, em muitos aspectos, genial. Exceto quando se trata dos poucos casos em que é realmente oito ou oitenta.

Como vida ou morte.

Ou as questões em que a zona cinzenta se entrelaça com riscos tão grandes que deve ser completamente excluída por qualquer um que tenha senso comum. A crise climática e de sustentabilidade está longe de ser simples ou descomplicada.

Mas, em muitos aspectos, é oito ou oitenta.

Porque ou atingimos a meta de dois graus do Acordo de Paris e evitamos desencadear uma catastrófica reação em cadeia muito além do nosso controle ou não atingimos.

Essa diferença é tão clara quanto preto no branco.

Existe até um relógio que conta o tempo que nos resta antes que seja tarde demais para alcançar o objetivo de dois graus. O relógio se baseia nos números oficiais da ONU, e, no exato instante em que isto está sendo escrito, é de 18 anos, 157 dias, 13 horas, 22 minutos e 16 segundos.

No momento em que escrevemos isto, os principais pesquisadores reconhecem que temos cerca de cinco por cento de chance de atingir a meta de dois graus.

CENA 60
"MULHERES DE TODO O MUNDO, ESCUTEM, ESTAMOS PROCURANDO RECRUTAS. SE VOCÊ ESTÁ COMIGO, MOSTRE SUAS MÃOS, LEVANTE-SE E SAÚDE.", LITTLE MIX

Beata não quer ir para a aula de educação física, porque, na aula, eles têm que jogar bolas duras um contra o outro, e as bolas doem. Ela não quer ir para a educação física porque lá você tem que praticar esportes diferentes em que é preciso derrotar um ao outro; esportes que os meninos adoram, em que todos gritam e empurram. Ela não entende por que não pode dançar, se é o exercício físico e as habilidades motoras que precisam ser trabalhados.

Beata está sempre dançando em casa, mas ela nunca pode fazer isso na aula de educação física.

Beata também não quer ir às aulas de marcenaria, porque tem pavor de todas as máquinas, e não quer jogar baralho nos intervalos porque ninguém entende as regras dela em que a dama sempre bate o rei.

— E por que os meninos sempre têm que valer mais do que as meninas? Por que todos devem rir das piadas dos meninos e por que sempre a gente tem que ver e ouvir, mas são os meninos que são mais vistos e mais ouvidos? — perguntou Beata, virando-se para mim depois:

— Mãe, como é que se chama mesmo?

— As estruturas patriarcais da sociedade — respondo.

CENA 61

O ORGULHO GAY EM MOSCOU

Poucas horas antes da final do Festival Eurovision de 2009, na Rússia, aconteceu uma Parada do Orgulho Gay nas ruas de Moscou. Era um dia lindo, início do verão, e nós, artistas, seguimos tudo pelas redes sociais de dentro da arena. O ensaio geral estava prestes a começar quando se espalhou a notícia de que a polícia russa havia interrompido o desfile e que oitenta participantes tinham sido presos. Todo mundo sabia.

Ninguém falava sobre outra coisa nos camarins.

— Esse desfile destrói a moral da sociedade — disseram as autoridades.

Era o nosso público que estava sendo arrastado com violência do lado de fora da arena, e para mim era óbvio manifestar o meu apoio a eles e o meu descontentamento com as autoridades russas.

— Que vergonha, Rússia — falei, pensando que não poderíamos fazer um programa de entretenimento ao mesmo tempo que parte da plateia estava sendo presa por defender direitos humanos fundamentais. Mas é claro que pudemos. Aparentemente, fomos apenas eu e a representante da Espanha que expressamos solidariedade aos nossos espectadores presos, todos os outros ficaram estrategicamente desinformados. Estrategicamente desinteressados.

— Nada de política no Festival Eurovision — disseram. Como se o direito de amar a pessoa que você ama fosse política.

O júri colocou a Espanha em último lugar e eu em vigésimo quinto, a terceira de baixo para cima. E aquele sábado ensolarado em Moscou foi um verdadeiro de dia de merda no trabalho.

Quando tudo acabou, coletiva de imprensa e entrevistas exclusivas com a imprensa sueca me esperavam a bordo do nosso ônibus. No dia seguinte, mais uma vez eu cantaria *Cinderela* na Ópera de Estocolmo, e queria apenas sumir dali. Ir para casa, ficar com as crianças.

— Agora pense em não demonstrar que você está triste — diziam todos. — Espere para chorar até o ônibus sumir da vista dos fotógrafos.

— E não diga que você está decepcionada — completou alguém.

Eu entendi tudo lá e fiz exatamente como disseram. O fato de estarmos em uma ditadura que aprisionava gays não importava mais — o que valia agora era não aparecer como uma má perdedora.

Agora o negócio era evitar chorar. Não demonstrar fraqueza.

CENA 62
SUCESSO DIGITAL

— Não, não responde. Senão você vai ficar a noite toda brigando com algum robô russo programado para cansar pessoas como você.

Greta acessou uma de suas contas de direitos dos animais no Instagram, e está mandando seus argumentos favoritos aos seus antagonistas favoritos. Os céticos climáticos. Os tecno-otimistas e, principalmente, os veganos que muitas vezes fazem longas viagens aéreas para salvar o mundo com novas receitas exóticas. Parece que ela está contente.

— Então — conta ela, alegremente, arregalando os olhos —, ele teve o que merecia.

— Mas você não deveria responder — diz Svante. — É perda de tempo. O que você escreveu?

— Um piloto nos Estados Unidos que era vegano por causa dos direitos dos animais... Como se os animais também não precisassem de uma atmosfera limpa. E então ele disse que a crise climática era porque havia gente demais na Terra.

— Você respondeu como de costume?

Greta faz que sim e sorri abertamente. Ela tem algumas respostas padrão que salvou em sueco e inglês, e uma delas é sobre o problema da população como argumento recorrente: "As nossas emissões são o problema. Não as pessoas. Quanto mais rico você for, maiores serão as emissões. Então, se você quiser limitar a população para poupar recursos, deve iniciar uma campanha para que possamos nos livrar de todos os bilionários. Você pode chamar sua campanha de 'Morte a Bill Gates' ou 'Proíba todos os líderes empresariais e estrelas de cinema de ter filhos'! Mas, provavelmente, será um pouco difícil conseguir que a ONU adote uma resolução dessas, então eu recomendo que você reduza suas próprias emissões. Ou que você apoie a educação de meninas no Terceiro Mundo, pois é a maneira mais eficiente de limitar o aumento populacional."

— O que ele disse? — pergunto.

— Nada — diz Greta. — Espera... ele me bloqueou — continua ela, rindo tão alto que Roxy pula do sofá e começa a latir.

CENA 63
HÍBRIS

Estamos enfrentando uma mudança social que historicamente não tem comparação.

Mas abandonar essa sociedade de progresso eterno, que nos proporcionou tantas coisas e tirou grande parte da população mundial da pobreza e da miséria, não é fácil. É mais fácil falar do que fazer. Ainda estamos embriagados pela história de sucesso que nos transportou da fome e miséria para as aterrissagens na Lua, entretenimento 24 horas e um idoso vivendo em um asilo em algum lugar ao sol.

Em três gerações, passamos de vulneráveis a imortais, e às vezes nos comportamos de forma arrogante e míope como se estivéssemos encalhados em uma ilha deserta, muito além de qualquer rota marítima possível, com provisões para um ano e comendo descontroladamente tudo que temos logo na primeira semana.

— Confie na tecnologia, alguém encontrará uma solução — gritam todos em uníssono enquanto jogam o lixo na fonte de água fresca e queimam o bote salva-vidas para não congelar à noite.

— Só vivemos uma vez. Aproveite!

Foi a redução das desigualdades sociais, soluções coletivas e uma visão humanitarista para com o outro que nos tirou da pobreza. Entreabrimos a porta para a igualdade, mas agora ela está lentamente se fechando novamente. A desigualdade está aumentando, os recursos estão ficando escassos e estamos presos em uma ilha deserta no cosmos.

CENA 64
REVISÃO

— Tudo bem, então — diz Greta. O sol da primavera brilha e nos sentamos juntos em Ingarö, constatando que o que realmente queremos dizer com este livro é praticamente impossível de se formular. — O feminismo está do lado de fora de uma porta e anda de um lado para o outro e quer entrar. A porta está trancada, mas é preciso passar por ela para poder seguir em frente. Um pouco mais longe estão os outros movimentos, como o humanitarismo, os antirracistas, o movimento dos direitos dos animais, os que lutam por refugiados, contra os problemas de saúde mental ou diferenças econômicas, e por aí vai. Todos estão cada um à sua porta e querem entrar para seguir em frente. O movimento climático tem uma chave que funciona em todas as portas, mas ninguém quer receber ajuda dele. Ou eles são muito orgulhosos ou não veem que a solução está bem ali na cara deles. Ou não querem ficar sem todos os privilégios que a questão climática se opõe.

— Ok — diz Svante —, repete exatamente o que você disse, vou escrever cada palavra.

CENA 65
BANHO VERDE

De acordo com um estudo recém-publicado pela organização Influence Map, 44 das 50 organizações de lobby mais influentes do mundo se opõem ativamente a uma política climática eficaz.

Na verdade, é muito simples.

Somos completamente dependentes das contribuições de grandes empresas e da disponibilidade que elas têm para encontrar soluções sustentáveis. Mas não podemos entregar toda a responsabilidade a elas. Não é justo e nem razoável.

Afinal, o principal objetivo de uma empresa é obter lucro financeiro. Não salvar o mundo.

E toda afirmação de que não há contradição entre esses dois objetivos conflitantes sempre será falsa. É exatamente aí que encontramos o fenômeno do *greenwashing*: na lacuna entre belas palavras e ação real. Estratégias de negócios. Ou táticas disfarçadas de novas tecnologias.

Nada exemplifica esse fenômeno com mais clareza do que a descrição que Naomi Klein faz da aventura lucrativa do guru empreendedor, dono de companhia aérea e multibilionário Richard Branson como um anjo salvador.

Há mais de dez anos, Branson recebeu uma apresentação privada de Al Gore sobre a crise climática. Ele ficou tão impressionado com o que ouviu que imediatamente convocou uma coletiva de imprensa e disse que sua empresa investiria três bilhões de dólares para desenvolver combustível de aviação sustentável nos próximos dez anos.

Como seu negócio tinha recebido grandes somas de dinheiro em serviços que exigiam uma quantidade tão grande de emissões de dióxido de carbono, Branson achou que o mínimo que poderia fazer era investir um pouco dos lucros passados e futuros para encontrar uma solução para o problema do impacto climático da aviação.

E não parou por aí.

Ele também fez um concurso no qual o inventor de uma solução técnica que sugasse dióxido de carbono da atmosfera ganharia pouco mais de 200 milhões de coroas suecas.

Era uma ótima notícia. Não apenas para pessoas totalmente dependentes de viagens de avião para poder executar seus trabalhos. Como eu. Parecia que tudo ia dar certo, porque era apenas uma empresa, e acreditamos que, se não fosse mais difícil do que isso, todo mundo apostaria em soluções semelhantes. Sem mencionar os governos do mundo.

Era como um calmante.

E era bom.

Tinha uma solução.

O único problema é que Branson nunca encontrou nenhum novo combustível que fosse sustentável o suficiente para atender aos requisitos. Ele não chegou nem perto.

A solução mais próxima foi o biocombustível, mas o problema do biocombustível é que não existem florestas e terras aráveis suficientes para cultivar as quantidades necessárias. Além disso, as florestas tropicais já estão devastadas, e nem todo mundo vive em grandes países florestais como Suécia, Finlândia, Canadá, Rússia e... não. São só esses.

Além disso, o biocombustível é caro. E tinha o conflito moral de que os campos precisavam ser usados para outras coisas. Comida, por exemplo. Para não menos que 85-90 por cento da população mundial que nunca colocou os pés em um avião.

No fim das contas, em vez dos três bilhões de dólares, foram investidos apenas 230 milhões.

E, depois disso tudo, nos anos que se seguiram, a Branson iniciou outras três companhias aéreas e uma equipe de Fórmula 1. Nenhum ganhador do Prêmio Terra Branson de 200 milhões de coroas suecas foi nomeado até agora.

Viagem aérea verde é algo muito parecido com a energia *limpa* de carvão de Donald Trump ou o chamado *Captura e armazenamento de* CO_2 (ou CCS, da expressão em inglês *carbon capture and storage*). Isso tudo soa bem, mas não vai funcionar a longo prazo. Exceto pelas empresas que não se dão conta do perigo da taxa de velocidade com que crescem, é claro.

Essas mesmas empresas são as que dizem que no final tudo vai dar certo, é só continuarmos a comprar os produtos *verdes* que elas produzem.

CENA 66

PASSEIO DE ESQUI, NA ESPERA POR UMA MÁQUINA DO TEMPO E DE TELETRANSPORTE

É um lindo dia de inverno e estamos indo para o gelo na baía. Compramos um par usado de esquis cross-country para Greta, e sua irmãzinha não vai conosco — ficará em casa, no centro. Beata gosta de ficar sozinha e transformar todo o apartamento em um palco para ensaiar, encenar peças de teatro, cantar e dançar.

É assim que ela se sente da melhor forma possível.

Ela prepara material para seu próprio canal no YouTube, que lançará quando estiver pronta.

— Mas definitivamente não nos próximos dois anos. Precisa ficar bom primeiro.

Então nos separamos sempre que podemos. Svante vai esquiando na frente, e Greta e eu vamos atrás, segurando as coleiras de Moses e Roxy, que nos puxam com toda a força que podem. Eles correm bem rápido. Mal conseguimos ficar de pé de tanto que gritamos e rimos da velocidade com que precisamos correr contra o vento.

Esquiamos na direção de Björnön e quase voamos pelos caminhos, praias e penhascos envoltos em crostas reluzentes e gelo marinho criados pelo inverno.

Quando voltamos para a praia, nos acomodamos no píer ao sol e chupamos laranjas. Svante descasca, Greta cheira, e eu como. É um bom dia para a família Ernman-Thunberg.

Um pouco mais ao longe, vemos três famílias que estão andando de quadriciclos e ensinam seus filhos a dirigir sozinhos seus modelos infantis movidos a gasolina. Cada família tem três quadriciclos.

— Olha só! — diz Greta. — A família inteira compartilhando o interesse por veículo motorizado. Que graça.

Eu rio tanto que um gomo de laranja voa da minha boca.

As crianças não têm mais do que seis ou sete anos, e não nos surpreenderia se os pais fossem do tipo que passam os verões ensinando os filhos a andar de um lado para o outro em seus esquis aquáticos, competindo contra o pai.

Para a frente e para trás.

— Que bom que eles estão aqui ao ar livre compensando por aqueles que pegaram o ônibus até aqui ou que investiram meia fortuna para conseguir pagar um carro elétrico — diz Greta, e empurra o esqui um pouco com o pé, sorrindo.

A melhor coisa de se gostar de tecnologia é que, depois de ter adquirido um carro elétrico, células solares e powerwall, você logo percebe que a tecnologia não vai resolver tudo. Que nem mesmo a mudança de hábitos supera as soluções técnicas quando se trata de reduzir emissões. Tanto as mudanças de hábitos quanto a tecnologia são necessárias, mas, na espera por aspiradores de dióxido de carbono e máquinas do tempo, existem duas coisas das quais precisamos um pouco mais: uma política e legislação radicais.

Porque, para cada carro elétrico, sempre haverá um novo jet-ski. Para cada pessoa que começa a pegar o ônibus, há um novo SUV movido a gasolina. Para cada vegetariano, há um novo filé brasileiro importado. E, para cada pessoa que se recusa a viajar de avião, há uma nova viagem de fim de semana para Madri.

O poder do consumidor é formação de opinião, e não uma solução definitiva.

Há dois anos, tivemos a possibilidade de instalar carregadores de carros elétricos em nossa garagem e substituímos nosso carro movido a combustível fóssil por um carro elétrico. Fomos dois dos sessenta condôminos que mudaram direto para energia elétrica pura, enquanto uma pessoa decidiu por apostar em um carro híbrido. Desde então, muitos carros novos foram comprados e estacionados na nossa garagem. Muitos na mesma faixa de preço que a nossa.

Mas nenhum carro elétrico novo.

Nenhum carro híbrido novo.

A mesma coisa aconteceu com as células solares no telhado.

Há dois anos que estão instaladas lá.

E há dois anos temos evangelizado e dado aleluia pela nova tecnologia. Mas ninguém aderiu a ela, e é claro que a mesma coisa acontece na maioria dos lugares ao redor do mundo.

As soluções estão lá e funcionam muito bem, obrigada. Já existem fontes de energia renováveis como energia solar e eólica, já temos a oportunidade de iniciar uma extinção daquela ordem social baseada em energia fóssil. Tudo segue adiante, mas as contribuições são muito lentas. Muito devagar.

Todo mundo parece acreditar que a tecnologia vai nos salvar. Mas as empresas de energia estão desacelerando o desenvolvimento, e nós, pessoas físicas, que temos a chance de levar o desenvolvimento a cabo, não damos sinais de acreditar na tecnologia. Ou melhor: parece que não achamos que precisamos ser salvos.

A família Ernman-Thunberg deixa o gelo do lago e vai para casa contra o vento.

CENA 67
O MONÓLOGO DE GRETA

Greta está sentada no chão da cozinha com Moses e Roxy. Ela penteia o pelo deles com um pente velho. Calma e metódica.

— Me lembro da primeira vez que ouvi falar sobre o clima e o efeito estufa. Me lembro de achar que não podia ser verdade. Porque, se fosse verdade, ninguém falaria sobre outra coisa. E não tinha ninguém que falasse sobre o que está acontecendo.

— Vocês que salvarão o mundo — digo à minha filha.

Ela responde com um sorriso sarcástico, do mesmo jeito que meu pai costumava fazer. Um homem que, a propósito, levou a vida como a caricatura mais elegante que se pode imaginar de uma pessoa com a síndrome de Asperger. Obviamente, sem diagnóstico. Ele e Greta são tão parecidos que dá vontade de rir.

— Todos os nossos professores dizem a mesma coisa — responde Greta. — *É a geração de vocês que salvará o mundo. Vocês que vão limpar nossa bagunça e consertar tudo,* dizem todos, e depois vão viajar de avião a cada férias que têm. *Vocês que vão salvar o mundo.* Está bem, estamos ouvindo. Mas não seria pedir muito se vocês pudessem ajudar pelo menos um pouquinho.

Ela se levanta e segue Moses, que se deitou no tapete a poucos metros de nós. E continua:

— E não, mamãe, pessoas como eu não salvarão o mundo. Porque pessoas como eu não são ouvidas. Talvez possamos adquirir conhecimento, mas isso não conta. Basta olhar para os pesquisadores. Ninguém ouve o que eles dizem. E, mesmo que isso aconteça, não importa, porque as empresas empregam muitos "especialistas" próprios, que enviam para os Estados Unidos para os treinamentos midiáticos mais caros do mundo, para que possam se mostrar nos noticiários e dizer que são realmente excelentes em derrubar todas as árvores e assassinar todos os animais. E, quando os pesquisadores se posicionam contra isso tudo, eles não são ouvidos, porque as empresas já montaram anúncios em mais da metade da Suécia, porque a verdade é apenas mais uma coisa que você pode comprar com o dinheiro que tem.

Moses levanta a cabeça quando o elevador é acionado. Greta segue o olhar dele.

— Vocês criaram uma sociedade em que as únicas coisas que são valorizadas são a competência social, a aparência e o dinheiro. Então, se vocês querem que nós salvemos o mundo, vocês têm que mudar o estado das coisas primeiro. Porque, como as coisas caminham agora, todo mundo que pensa um pouco diferente e conclui coisas que ninguém concluiu antes entra em colapso mais cedo ou mais tarde. Ou eles são obrigados a sofrer bullying e ficar em casa. Ou precisam frequentar escolas especiais, como eu, nas quais não tem professores.

Greta se vira para mim e olha diretamente nos meus olhos. Ela quase nunca faz isso.

— Você costuma se gabar o tempo todo que eu consegui fazer com que uma grande editora de livros didáticos prometesse reescrever os livros de geografia do ensino médio porque eu disse que o que estava escrito nos livros antigos estava errado. Que escreveram um artigo sobre isso na revista *Aktuell Hållbarhet, Sustentabilidade Atual.* Já faz quase um ano que eu não tenho aula de ciências. Porque não tem professor ou professora. Se vocês querem preservar este mundo, vocês têm que mudar isso. Porque, do jeito que as coisas estão agora, nada vai dar certo.

Greta respira fundo e enfia o nariz no pelo claro e vasto de Moses. E cheira.

CENA 68
NÃO ERA MELHOR ANTES

Há menos de cem anos, ainda era uma verdade universal que alguns países tinham o direito moral de possuir outros países — esse direito era tão óbvio quanto o fato de pessoas diferentes terem valores diferentes dependendo da origem, cor da pele, religião, orientação sexual, poder econômico ou gênero.

Muitas injustiças desapareceram, muitas continuam a existir. Algumas mudaram de forma e outras passaram a existir desde então. Mas a maioria das coisas ficou muito melhor.

O problema é que tudo o que se tornou muito melhor se tornou melhor à custa de outras coisas, e são exatamente essas coisas que não são fáceis de reparar ou substituir. Como, por exemplo, a saúde. A biodiversidade. Uma biosfera equilibrada. E a poluição.

CENA 69
FAUSTO, DE GOETHE

Outra coisa que não melhorou é o volume de dióxido de carbono na atmosfera.

Além disso, há uma relação bastante irrefutável entre a saga de prosperidade histórica e as quantidades de gases do efeito estufa que são a causa da crise climática global.

Porque tu és pó, dissemos. *E ao pó voltarás.*

Tudo o que uma vez viveu descansará debaixo da terra, dissemos.

Mas depois veio alguém e encontrou muito petróleo, e então todo o descanso debaixo da terra acabou. Em vez do lugar para descanso, criamos uma sociedade que se baseava na ideia de desenterrar restos fósseis de vida que — o mais rápido possível — queimamos e soltamos na atmosfera altamente sensível do planeta.

E como queimamos!

De acordo com um estudo da Universidade de Utah, são necessárias 23,5 toneladas de biomassa para produzir um litro de gasolina. São 23,5 toneladas de árvores antigas, dinossauros e dezenas de milhões de anos para que um único Volvo possa percorrer dez quilômetros.

Muito pode ser dito sobre o contrato que nossa sociedade moderna assinou com o planeta em que vivemos.

Mas sustentável ele não é.

CENA 70
BENZEDURA

O planeta sofre de uma doença grave, e precisamos começar imediatamente com extensos esforços médicos. Precisamos de cuidados de emergência.

Só que em vez disso escolhemos — na melhor das hipóteses — benzedura como método de tratamento.

Mas ninguém está ciente de que há uma doença. Nem de perto.

É como adiar uma cirurgia urgente para esperar por uma possível cura no futuro.

CENA 71
LONDRES

Cerca de vinte estudantes ingleses com mais ou menos oito anos de idade formaram um coral infantil espontâneo em torno do vendedor de karaokê no quarto andar da loja de brinquedos de Hamley, na Regent Street.

Eles cantam uma música de Ed Sheeran.

"Estou apaixonado pelo seu corpo. Estou apaixonado pelas suas curvas."

Beata e Svante estão em Londres para o presente de Natal que ela ganhou no ano passado — ir ver suas ídolas, Little Mix, na The O2 Arena, em Londres.

Durante o ano que se passou desde que compramos o presente, Svante mudou de hábitos.

Ele parou de viajar de avião.

Como eu.

No começo, achamos que seria bom se algum dos pais mantivesse a oportunidade aberta de, caso houvesse alguma emergência futura, poder rapidamente pegar um avião.

Mas depois Svante leu o livro *Tempestade de meus netos* (*Storms of My Grandchildren*), de James Hansen, chefe do Instituto Goddard de Estudos Espaciais da NASA entre 1981 e 2013. E depois disso ele leu vinte outros livros, e bastou isso para ele dizer adeus para compras, viagens de avião e carne.

O que era para ser um bate e volta a Londres por algumas coroas suecas virou uma aventurazinha bem mais longa e cara. O presente de Natal de Beata sofreu uma espécie de hiperinflação moral. Mas promessa é promessa.

Nossa filha mais nova não tem problema em se tornar pioneira em soluções climáticas, e dedica com todo o prazer cinco dias para ir de carro elétrico pela Europa com Little Mix no maior volume possível.

Na Hamley's, Beata compra uma raposa de presente de Natal para Greta, e depois continuam a andar sob anjos natalinos iluminados que enfeitam as lojas e a caminho da HMV em frente à Selfridges. Svante tira uma foto de Beata em Oxford Circus e manda para nós.

Uma hora depois, pego o celular. A tela exibe duas mensagens. A foto de Beata na Oxford Street e uma atualização de notícia: "Ataque terrorista na Oxford Street."

Eu ligo e eles respondem imediatamente. Eles já estão no hotel, longe de Oxford Circus, e posso me acalmar. Depois vem uma hora de transmissões de notícias e reportagens em todos os canais. Por alguns minutos, o mundo para e todos ouvem. Todo mundo está assistindo. Turistas suecos são entrevistados via celular e o caos predomina, ninguém sabe de nada e todo mundo está tenso.

Mas é um alarme falso. Policiais e militares entraram em ação e todos fizeram tudo certo, mas não aconteceu nada, exceto uma possível briga e alguém que perseguiu alguém que perseguiu alguém e agora o comércio de Natal pode ser retomado. O mundo pode continuar calmamente a consumir até entrar em coma.

Na manhã seguinte, Beata fica no quarto de hotel. Cantar e dançar é infinitamente mais interessante do que explorar o mundo lá fora, nenhuma cidade no mundo pode competir com isso. Ela fica mais do que contente em se virar sozinha, então Svante aproveita para passar o dia caminhando pelos iates de luxo em St. Katherine Docks.

Lá, ele vê lanchas particulares com nomes como Sand Dollar, tão grandes que poderiam ser colocadas em tráfego intercontinental regular. Ele caminha ao longo dos pátios e dos portos do rio Tâmisa, onde tudo começou. Aqui ficavam as empresas comerciais e para cá vinham os navios e as mercadorias. Aqui ficava o coração do mercantilismo, pensa Svante.

Mercadorias que construíram o império que criou os fundamentos para a revolução industrial. E alavancou um crescimento sobrenatural do efeito estufa. O mesmo efeito estufa que foi descoberto pelo vencedor do Nobel da família Thunberg, Svante Arrhenius. De quem ele recebeu o nome.

Meu Svante vai andando e lendo no celular que os cálculos de Svante Arrhenius sobre o aumento de temperatura publicados no livro *Sobre a influência do teor de dióxido de carbono atmosférico na temperatura da superfície da Terra* (em tradução direta do alemão), de 1896, são muito precisos se comparados com o que sabemos hoje, 122 anos depois. Muito precisos mesmo. O que não está correto, no entanto, é o aspecto temporal.

De acordo com os cálculos de Arrhenius, deveria levar até dois mil anos para que a concentração de dióxido de carbono na atmosfera ficasse no nível atual. É claro que ele não poderia fazer ideia de que as futuras gerações se dopariam com combustíveis fósseis que deveriam ter permanecido debaixo da terra.

Hora vai, hora vem, e Svante caminha pelas ruas de Londres, cercado por hordas de turistas vindos de todos os cantos do mundo. Crianças, jovens, velhos, pobres, ricos: pessoas com diversas origens passeiam em volta da Torre de Londres no sol do fim do outono, e postam quantidades interestelares de selfies em todas as plataformas de redes sociais possíveis. O aroma suave de amêndoas queimadas e óleo diesel dos barcos de passeio se mistura com o ar ameno demais de novembro.

Alguns dos turistas são tão velhos que já não têm mais forças para andar. Outros saltam de muletas. Famílias da América consolam seus recém-nascidos.

Uma mulher da Austrália passeia com seu marido obviamente demente e aponta a pista de patinação entre a Torre e as muralhas onde alguns turistas brasileiros com gorros de Papai Noel escorregam no gelo em um calor de 18 graus.

La dolce vita. A vida doce. Você só vive uma vez. *Divirta-se*!

Svante se senta ao sol na Ponte da Torre, embaixo de uma das árvores que ainda têm todas as folhas, embora logo seja dia do Advento. Ele sonha com um movimento climático que não existe; que talvez ainda possa existir, porque deve ser formulado ao longo da jornada.

Ele bebe um *latte* no Starbucks com uma dose extra de expresso, come bolinhos de Santa Luzia secos que Greta os mandou comer, e paga contas elétricas para a Vattenfall no celular.

A mesma estatal Vattenfall que, no ano anterior, vendeu minas de carvão para capitalistas de risco tchecos que acreditam em um *renascimento da energia do carvão*. A mesma estatal Vattenfall que ainda importa milhões de toneladas de carvão mineral para o norte da Europa, comprados de empresas de mineração que cometem crimes de peso na Colômbia, para serem queimados em usinas de carvão sujas.

A mesma estatal Vattenfall que ocupa a 112ª posição na lista das 250 empresas que emitem a maior quantidade de dióxido de carbono — empresas estas que, juntas emitem o correspondente a trinta por cento das emissões mundiais de gases de efeito estufa.

A mesma estatal Vattenfall que processou o Estado alemão por muitos bilhões de coroas suecas, porque, depois do desastre de Fukushima, a Alemanha decidiu começar a extinguir a produção de energia nuclear.

A mesma estatal Vattenfall cujo vice-presidente — certamente muito competente e agradável — acaba de se tornar presidente do conselho de política climática da Suécia.

Svante tira a blusa de frio. A temperatura está propícia para usar camiseta, e um pássaro canta em um gramado de plástico.

CENA 72
O LONGO CAMINHO DE VOLTA PARA CASA

Beata começa a chorar assim que vê o nome "Little Mix" em um quadro de informações no metrô.

— A gente não é de pedra, né?

E quando Little Mix sobe no palco por quatro buracos no chão na The O2 Arena, em Londres, ela e Svante gritam. Mas ninguém grita mais alto e ninguém chora mais que Beata. Nenhum *mixer* no mundo canta junto em cada naipe e em cada linha da letra como ela. Após o show, eles se sentam no carro elétrico e seguem em direção ao túnel, para Calais, e depois para Kungsholmen. Beata é incansável. Ela vai no banco de trás, comendo biscoitos e escutando todos os discos no volume mais alto. Desde que seja Little Mix, não há hiperacusia — se for Little Mix, o volume *deve* ser alto.

Quando a noite chega, ela assiste a *Friends* no computador. Ela dorme sozinha em um quarto de hotel e fica completamente calma com o caos ao seu redor, porque está de acordo com seus termos. Ela gosta. É só o carro começar a rodar que ela se sente bem.

Quando estão perto de Eindhoven, o celular toca. É uma editora que quer saber se Svante e eu queremos fazer parte de um livro sobre o clima. Vai ser um livro generoso e promissor, com um preço muito reduzido, para que possa alcançar o maior número possível de pessoas. O editor descreve qual seria nosso papel no livro e como é importante pensar em publicar algo sobre o ambiente que realmente atinja muitos leitores.

— É direcionado a um público-alvo amplo e promete muito.

— Ok — responde Svante, e a voz de Greta ecoa no ouvido dele que *uma única viagem de avião pode eliminar vinte anos de reciclagem...* — Mas não estamos muito interessados em um livro sobre esperança a essa altura do campeonato. Pelo menos não o que geralmente é percebido como esperança agora.

— O que você quer dizer?

— Nós não acreditamos que o que mais se precisa nessa situação é esperança. Isso significaria continuar a desconsiderar as partes mais importantes da crise. Se quisermos fazer um livro sobre o clima, devemos, antes de tudo, informar que estamos em uma crise aguda, e o que essa crise significa. Esperança é extremamente importante, mas ela virá mais tarde, bem mais tarde. Quando sua casa está em chamas, você dificilmente começa se sentando à mesa da cozinha e falando para sua família como seria bom construir mais um cômodo e fazer uma reforma geral. Quando começa um incêndio e a casa está completamente em chamas, você liga para o corpo de bombeiros, acorda todo mundo e rasteja para a porta da frente.

— Bem, acho que precisamos de esperança — diz o editor. — Você sabia, por exemplo, que, se apenas ajustarmos a pressão do ar em todos os pneus dos nossos carros, economizaríamos mais de cem mil toneladas de dióxido de carbono?

— Sim, mas não é nisso que queremos focar. Se as pessoas acreditam que coisas tão simples podem fazer uma diferença real, o que estamos dizendo é que todos podemos continuar fazendo tudo como antes. Encher os pneus é ótimo, mas é uma gota no oceano, e, se dedicarmos o pouco foco que a questão climática tem ao afirmar isso, estamos perdidos.

— Mas, se as pessoas acharem que está tudo acabado, elas desistirão.

— Eu não penso desse jeito. Não se elas foram informadas sobre o que a palavra *acabado* realmente significa. Porque elas não sabem. Infelizmente, as pessoas não têm ideia do que é um efeito estufa desmesurado. Ou o quanto estamos perto de desencadear coisas que não podemos parar.

— Mas há psicólogos que dizem que isso nos faz ficar inertes. Simplesmente como um mecanismo de defesa.

— Sim, mas há psicólogos que dizem o contrário, e qual é a alternativa? Mentir? Espalhar falsas esperanças? É assim que queremos que as pessoas mudem de atitude? Malena e eu não fazemos isso porque não gostamos das outras pessoas. Pelo contrário: fazemos isso porque amamos as outras pessoas. Porque acreditamos na humanidade

— Ok, mas o que você diz aos seus vizinhos quando fala com eles?

— Eu não falo com meus vizinhos. Não tenho forças nem para falar com meus amigos ou meus próprios pais.

O editor diz que ligará de volta mais tarde. Mas é claro que ele não liga.

Tarde da noite, na fila de um McDonald's na Hamburg Süd, Svante conta, em seu alemão falho, para um homem que também está na fila que ele está indo de Londres a Estocolmo em um carro elétrico porque parou de viajar de avião, *für das Klima*, e, embora o homem entenda o que ele diz, não compreende o que está dizendo. Lá no estacionamento, no vento e na chuva, Svante chora alto pela segunda vez em 15 anos.

Porque ali, cercado por cinquenta bilhões de caminhões, rodovias e BMWs, ele percebe que não importa quantos carros elétricos compremos.

Não importa quantos painéis solares coloquemos no telhado. Não importa o quanto nós torçamos e inspiremos uns aos outros.

E não importa se permanecemos no chão e renunciamos ao privilégio de viajar de avião, porque o que é necessário é uma revolução. A maior da história. E ela precisa acontecer agora.

Mas, para onde quer que ele olhe, não existe uma revolução dessas à vista.

Durante cinco minutos ele fica ali parado, até perceber que nenhum homem pode viver com a ideia de desistir. E nada melhora se você ficar chorando em postos de gasolina alemães.

O que resta é apenas seguir em frente.

Dirigir até Jylland.

Depois até Malmö.

Até o amanhecer.

3.
O DRAMA ANTIGO

Passo pelas manchetes de jornais que falam sobre assassinatos
e festas de celebridades, sobre a proibição de pedir esmolas
e estratagemas de líderes partidários recém-eleitos.
E penso que todos estamos em um carro que está indo de
encontro a uma parede montanhosa enquanto brigamos
para decidir que música vamos tocar no rádio.

Stefan Sundström

CENA 73
CAOS

Eu amo o caos.

Eu amo o impossível: tudo o que ninguém pode suportar.

Dar estrelinha, fazer parada de mãos, ou ficar de cabeça para baixo em um arnês no palco. Fazer flexões enquanto canto uma ária que mal se pode cantar quando se está parada.

E minha performance atinge o ápice quando se trata de falta de energia elétrica antes de uma transmissão ao vivo na televisão, e ninguém tem tempo para ensaiar e você tem que resolver tudo ao vivo. Quando me disponho a substituir alguém com três horas de antecedência para cantar um papel que eu não canto há oito anos e a performance é transmitida ao vivo em todos os cinemas da Suécia.

Ou quando alguém adoece e eu tenho que pegar um voo de última hora para cantar em um concerto com ingressos esgotados, para duas mil pessoas, em Londres, e pegar a partitura quando aterrissar, estudando e decorando tudo no táxi a caminho do teatro The Barbican.

Eu amo o caos.

Desde que o caos seja meu e eu faça coisas nas quais sou boa.

É quando atinjo meu ápice.

Tenho TDAH e é claro que sempre tive, durante toda a minha vida.

Eu tinha 45 anos quando recebi meu diagnóstico, e a razão pela qual não fiz uma investigação antes disso é que nunca tive nenhum grande problema que me desse motivos para suspeitar que era necessário.

Eu sou um exemplo típico do superpoder de que todos costumam falar. Aquele que é frequentemente destacado, mas que infelizmente muito poucos possuem, porque não tiveram a sorte de ter todas as coincidências ao lado.

Posso ouvir todos os instrumentos em uma orquestra sinfônica ao mesmo tempo. E posso ouvir e ver os naipes na minha frente.

Eu tive sorte. Houve pessoas que disseram bem cedo em minha carreira que eu estava no contexto que me favorecia: ambientes que eram perfeitamente adequados para mim, meu talento e minhas idiossincrasias. Ambientes em que eu poderia dedicar todo o meu tempo ao que eu amava.

Eu era tímida e gaguejava tanto que tive que ir ao fonoaudiólogo por vários anos durante o ensino fundamental e médio.

— Você tem fo-fo-fo-noaudiologia de novo? — gritavam os meninos e se divertiam quando eu precisava deixar a sala de aula.

Eu não conseguia dizer frases que começassem em vogais. Se fosse necessário falar com outras pessoas, eu precisava fazer tanto esforço que preferia ficar em silêncio.

Mas, quando eu cantava, tudo era muito simples e óbvio.

Foi a minha salvação, e na música encontrei meu lugar na Terra; lá eu estava segura. Não havia limites. Lá eu poderia ficar 14, 15 horas por dia só cantando, ouvindo e escrevendo todos os naipes, todos os tons, todos os sons.

Não havia nada que eu não pudesse fazer.

E ainda hoje eu tenho esse lugar dentro de mim, um tipo de sentimento que fica na memória muscular. Um sentimento de felicidade que é só meu.

Quando canto, sempre me sinto bem.

CENA 74
A NOVA MOEDA

Nossa ignorância sobre a crise climática e de sustentabilidade tornou-se um dos maiores ativos financeiros do mundo. Essa ignorância é um pré-requisito absoluto para a continuação do crescimento econômico. A ignorância é nossa nova moeda.

Porque, no instante em que percebermos a amplitude e agudez da crise de sustentabilidade em que vivemos, vamos mudar nossos hábitos e dar alguns passos para trás. E é claro que ter ciência dessas coisas não vai favorecer uma economia que se baseia no fato de que devemos continuamente abastecer nossos carros e aviões com os restos antigos de dinossauros e depois, o mais rápido possível, fabricar e comprar simplesmente todos os aparelhos e coisas que pudermos.

A conexão entre o aumento da prosperidade econômica, aumento de emissões e perda de biodiversidade é tão clara que impressiona. Mas essa conexão não nos alcança. Fica afogada no meio do caminho.

Porque toda a nossa ignorância ecológica atingiu um valor astronômico repentinamente, e vemos o significado desse valor em todos os lugares. Na mídia, nas reportagens, na publicidade, nos nossos hábitos e valores. Mas não temos mais tempo para discernir o que realmente importa do que apenas nos distrai. E assim tudo continua da mesma forma.

Mas os problemas não desaparecerão por conta própria, e os custos para se fazer o que é necessário somente aumentarão.

Não vamos conseguir evitar aqueles passos para trás. A questão é se queremos dar esses passos agora de forma organizada — ou se queremos esperar um pouco mais...

CENA 75

O REBANHO

"*As alterações climáticas são a maior ameaça à humanidade*", disse o Secretário-Geral da ONU, António Guterres, em abril de 2018.

Começamos um *processo de desestabilização* e estamos avançando para o chamado *ponto de inflexão*, que pode estar em qualquer lugar.

Uma borda invisível.

O debate fundamental deveria ter terminado há muito tempo. Porque a ciência estabeleceu com toda a clareza possível que o aquecimento global leva a mudanças catastróficas para todas as espécies vivas em potencial. E que o desmatamento, a agricultura industrial, a acidificação do mar e a sobrepesca contribuem para a erradicação da biodiversidade.

Mas vivemos em uma época em que um aumento do número de carros vendidos ainda pode dar origem à crença no futuro. Uma época em que um atraso de voo consegue gerar consideravelmente mais manchetes do que a morte de milhares de pessoas como resultado da mudança climática (que, por conseguinte, podem ter sido geradas, entre outras coisas, por nossas viagens aéreas). Vivemos numa época em que uma dica climática inteligente é substituir o saquinho de chá por chá a granel.

Leio que, ao viajar de avião, você deveria puxar a cortina plástica durante a decolagem e o pouso para economizar o combustível necessário para acionar o ar-condicionado do avião. No quarto do hotel, posso "salvar o mundo" pendurando a toalha no gancho, em vez de mandar para a lavanderia todos os dias.

— Não temos condições de processar todos os relatórios e todas as notícias negativas que nos mandam diariamente. Nosso mecanismo de defesa fecha todos os canais de relatórios. Precisamos de uma nova história positiva — dizem aqueles que são ouvidos. E me pergunto qual é essa história *antiga* à qual todos parecem ter acesso, e que agora precisa ser substituída por uma nova.

Porque eu mal conheço alguém que parece ter o menor conhecimento sobre a crise de sustentabilidade que está acontecendo ao nosso redor.

Dificilmente alguém que encontramos tem a menor ideia do que são os *forçamentos* ou os *feedbacks*, e de como uma mudança das correntes oceânicas durante as plataformas de gelo antárticas pode acelerar o processo de degelo. Ninguém que conhecemos sabe que o mesmo desmatamento da Amazônia com que ficamos indignados está acontecendo logo ali na esquina, no cinturão florestal do norte.

Ninguém com quem conversamos já ouviu falar sobre a Neopangea ou sobre as duas empresas que ficam perto de Zurique e de Vancouver que foram um pouco além no trabalho tecnológico e que descobriram uma nova tecnologia que extrairá o dióxido de carbono da atmosfera. E não tem definitivamente ninguém que conhecemos que leu a ideia de negócio que eles desenvolveram e que pegou uma calculadora, constatando que ela nunca funcionaria a tempo.

Mal conhecemos alguém que saiba o mínimo sobre a crise climática. Mas não é nada de que precisem se envergonhar; já nos encontramos com gestores de sustentabilidade e líderes partidários que também não têm a mínima ideia do que está acontecendo.

A verdade é que nenhum de nós tem o conhecimento básico necessário para entender as mudanças cruciais que seguem nosso estilo de vida.

Eu mesma não sabia nada sobre a questão climática há três, quatro anos. Ficava um pouco preocupada, claro. Eu achava que nossos hábitos esgotavam drasticamente os recursos da Terra.

Às vezes eu lia sobre algo que era prejudicial, mas sempre havia alguém que alegava o contrário, e eu me sentia incrivelmente tranquilizada de ver que as reportagens constantemente ofereciam ajuda profissional para descartar todas as possíveis preocupações ecológicas.

Por todos os lados, eu encontrava a mesma mensagem positiva: existem soluções, continue como de costume! Li sobre viagens aéreas. Obviamente, seria mais perigoso, pois as emissões estavam em alta altitude. Mas nem a Administração Estatal de Aviação Civil nem a estatal Swedavia disseram uma única palavra sobre qualquer perigo possível.

Se você acessasse as páginas deles na internet, seria recebido por fotos das torres de controle de tráfico aéreo entre tulipas e palavras bonitas sobre compensação ecológica.

E assim foi com todo o resto. Se houvesse algo que não fosse bom, a tecnologia resolveria. Como se o aquecimento global fosse o *problema fundamental*. Como se a crise climática não fosse, de fato, um sintoma de nosso excesso de consumo.

Mas eu não tinha nenhum problema com isso tudo.

Enquanto a mídia e os políticos não mostrassem sinais de que algo estava errado, eu presumia que tudo estava sob controle.

Depois veio a crise de Greta, seguida da crise de Beata, e nós tropeçamos em um cômodo que não sabíamos que existia.

A ideia de que "precisamos de uma nova história" parece cada vez mais estranha. Supõe-se que todos tenham visto *Antes do dilúvio* e depois, por conta própria, tenham pesquisado por relatórios de pesquisas científicas e blogs climáticos.

Pressupõe-se que todos participem regularmente de palestras com Pär Holmgren e leiam *The Guardian* nos mínimos detalhes. Que todos nós saibamos o significado completo da crise de sustentabilidade.

"Não aguentamos mais ler todos os relatórios negativos. Temos que pensar positivamente, senão nos desligamos por inteiro." Dizem aqueles que podem se dar ao luxo de serem ouvidos. Mas não é verdade. Porque não podemos reprimir algo que não conhecemos e não podemos ignorar relatórios que não são relatados.

Um pai ou uma mãe cujo filho se perdeu além da cerca de segurança e vai se equilibrando rumo a um penhasco não precisa de uma nova história. A mãe ou o pai não reprime o que vê porque é muito difícil de se assimilar. A mãe ou o pai vai apelar para seus superpoderes e concentrar todas a sua existência em salvar sua filha ou filho.

Estamos nos aproximando de uma fronteira invisível, e depois dela não tem como se arrepender. O que estamos prestes a fazer não pode ser desfeito. Aqueles que perceberam a seriedade das coisas estão tentando aconselhar os outros.

Mas vivemos em rebanho, e, enquanto nossos líderes não agirem como se estivéssemos em crise, quase ninguém percebe que realmente estamos enfrentando uma crise. Esperamos que todos os líderes do rebanho sinalizem uma parada obrigatória. E nos guie ao redor do perigo rumo à segurança.

CENA 76
AVALIAÇÃO DE DESEMPENHO

"Realmente não sabemos o que fazer com você. Você é um caso perdido." Foi o que disseram os professores da Faculdade de Ópera ao fazer a produção final.

O diretor disse a mesma coisa. "Nós realmente não sabemos onde vamos classificar você, ou a qual lugar você pertence."

Eles não disseram isso de uma forma engraçada ou positiva, mas sim como se eu tivesse feito algo errado.

Havia algo em mim que os perturbava.

Eu me formei em dois cursos ao mesmo tempo: diploma na Academia de Música e extensão na Faculdade de Ópera. Ao mesmo tempo, eu cantava em tempo integral no Coral da Rádio sob a regência de Gustaf Sjökvist, e trabalhava no Teatro do Oscar como dançarina e substituta para a protagonista feminina em *Cyrano de Bergerac*.

Minhas possibilidades de bolsas estudantis haviam acabado, e eu precisava me sustentar — e não tinha problema algum com isso. Eu adorava aquilo tudo. Pular de um contexto para o outro convinha com minha inquietude, e tudo era insanamente educativo.

Eu cantei e dormi, e dancei e atuei. E tive tempo para fazer tudo isso. Exceto possivelmente passar o tempo com a classe de trabalhadores de ópera e ir a todas as suas festas, onde me sentia tão perdida quanto sempre me senti em festas. Mas tudo bem, porque eu finalmente encontrei um lugar onde o meu jeito de ser não apenas funcionava — ele funcionava muito bem.

Até que, um dia, entrei em uma aula de produção de teatro na Faculdade de Ópera.

— Bem — disse Philippa, nossa professora—, isso não tem nada a ver comigo, mas os estudantes da escola exigiram uma reunião sobre esse curso. Uma reunião de emergência.

E na frente de um grande semicírculo de cadeiras, pediram para que eu me sentasse. Era muito preocupante que eu não fizesse parte da comunidade, disseram. Que eu tivesse perdido muitas das festas da faculdade.

Eu cometi o crime de não pertencer ao grupo. Eles me disseram que eu achava que era alguém, mas aparentemente eu não era ninguém. De fato, eu era bem inútil. E a punição pela escolha de seguir meu próprio caminho era que agora eu tinha que aprender muitas coisas das quais nunca tinha ouvido falar antes. Como que não era certo ser diferente, porque, se você for diferente, será desencorajada. Essa percepção se tornou uma grande dor para mim.

Eu me afastei, me tranquei em meu apartamento e lá, no quarto andar do Kungsklippan, encontrei uma maneira muito própria de fazer com que a ansiedade desaparecesse. Tudo o que eu precisava fazer era comer muito e depois enfiar o dedo na garganta. Então eu me sentia o máximo novamente. Era só vomitar e o peso no estômago desaparecia. E às vezes ele desaparecia por vários dias seguidos.

A bulimia é uma doença muito perigosa, por isso talvez não fosse uma solução viável, mas era a única coisa que me acalmava. O problema, para mim, é que não é possível cantar depois de vomitar.

E esse foi um problema muito bom para mim, porque não posso viver sem cantar, e de repente tive que escolher.

Eu escolhi a música.

E a música salvou minha vida.

CENA 77
SVENNY KOPP

O problema básico com TDAH é que você segue o princípio do desejo. Você só faz as coisas nas quais é interessada. Outras coisas não funcionam. Porque tudo se restringe ao sistema de recompensa. Tem a ver com a quantidade de dopamina em você.

Svenny Kopp, Universidade de Gotemburgo.

Um dia, no início de maio de 2017, assisto a uma palestra com Svenny Kopp. Ela é pesquisadora e doutora em medicina em neurociência e fisiologia, considerada pioneira internacional em psiquiatria infantil e adolescente. A razão para isso é que sua pesquisa se concentra em algo muito original em relação às meninas.

Estamos eu, minha amiga Gabriella e algumas centenas de funcionários de saúde escolar e psiquiatria infantil e juvenil em Estocolmo. Simplesmente profissionais da indústria.

Gabriella é como eu, e é provavelmente por isso que ela é a única pessoa com quem consigo passar meu tempo livre nesse momento. Ela tem uma filha diagnosticada e constantemente se equilibra na fronteira de ficar psicologicamente doente.

É claro que ela já deve ter ficado, há milhares de anos — mas ela é forte e está lutando, assim como muitas outras pessoas que conheço em situações semelhantes. Apenas os realmente fortes entram em colapso, porque somente aqueles que conseguem se se pressionar a chegar tão longe, para além de todos os limites razoáveis, acabam aos pedaços, com a síndrome de *burnout*. É uma disciplina extremamente exigente na qual nós, mulheres, somos superiores a todas as contribuições masculinas, em todos os sentidos.

O que Svenny Kopp notou em sua pesquisa e em suas atividades clínicas é que raramente as meninas são beneficiadas ao se falar em termos gerais de "crianças e jovens":

— Infelizmente, devemos, ou pelo menos seria melhor, fazer uma divisão entre meninas e meninos. Meninas adolescentes e meninos adolescentes. Porque, na verdade, elas e eles vivem em condições diferentes. Estão expostos a coisas diferentes. E, se falamos de crianças e jovens, então queremos dizer meninos.

É assim que Kopp inicia sua palestra. Ela fala com um sotaque muito típico de Gotemburgo e não se parece com ninguém que já ouvimos antes. Ela fala diretamente com Gabriella e comigo. Ela conta como as coisas são.

— Há poucas meninas diagnosticadas com TDAH e autismo. Ainda acontece de eu receber casos completamente óbvios nos quais eu me pergunto como isso é possível. Como alguém foi capaz de chamar isso de *coisas de adolescente* ou por que isso é chamado de *desordem de relacionamento familiar* quando é tão óbvio que se trata de um caso de TDAH?

O fato de uma pesquisadora destacar a falta estrutural de igualdade de gênero na psiquiatria infantojuvenil é claramente provocativo. Depois de um tempo, vários dos espectadores se levantam e vão embora. Outros gemem e suspiram, e penso em um texto que vi no celular: "Quando você está acostumado a ser privilegiado, a igualdade parece uma opressão."

Para Gabriella e para mim, é como ver uma artista favorita.

— Eu estou quase emocionada — diz Gabriella, e eu só posso concordar. Especialmente quando se fala sobre como as meninas são tão obviamente desfavorecidas em relação aos meninos, que são ouvidos e vistos e logo cedo se apropriam dos poucos recursos que ainda existem, como apoio pedagógico e vagas em escolas para pessoas com necessidades educativas especiais.

Svenny Kopp continua:

— Isso significa que os garotos chegam muito mais cedo a um sistema de apoio. E então descobrimos as meninas mais tarde, quando já estão na adolescência, e por um lado elas não querem nenhum apoio na adolescência, elas querem ser como todo mundo. Por outro lado, elas competirão pelos recursos que existem, o que é muito mais difícil. Também é aqui que os pais precisam de ferramentas.

Kopp dá um gole do copo que está no pódio.

— Como lidar com uma menina que não se levanta de manhã? Você pode arrastar uma menina de quatorze anos da cama e carregar ela até a escola? Claro que não, né? O que fazer? O que fazer quando ela não faz o dever de casa? Como lidar com todos esses conflitos, essa irritabilidade? Com toda essa sensibilidade? Com conseguir manter as coisas em ordem? Como lidar com todas essas situações cotidianas? Não são coisas simples.

Durante o intervalo, mostro a Gabriella um artigo que tinha lido recentemente. Ele fala de uma pesquisa sobre *crianças* com TDAH onde 64 crianças participaram do estudo. Todas as 64 crianças eram meninos. Somente a ideia de que os estudos científicos sobre *crianças* em 2018 podem ser feitos sem qualquer consideração pela distribuição igualitária de gênero diz realmente tudo.

Não é fácil receber um diagnóstico neuropsiquiátrico, não importa o que você já ouviu ou quais artigos de debate já leu.

É difícil. Especialmente para meninas. Como uma garota deve se encaixar em modelos e critérios criados para meninos? Meninas não podiam ter nem síndrome de Asperger nem TDAH há alguns anos.

Praticamente tudo relacionado a diagnósticos ainda é baseado em meninos. Bases de avaliação, medicamentos e informações. De meninos, por meninos, para meninos.

Cada diagnóstico é diferente de indivíduo para indivíduo, e nas meninas, às vezes, se manifestam de formas bastante diferentes em comparação aos meninos. Por exemplo, meninos com TDAH são frequentemente extrovertidos, enquanto as meninas geralmente se comportam de maneira exatamente oposta.

A maioria dos diagnósticos é resultado de um comportamento que os outros achavam desapropriado. Como as meninas muitas vezes reprimem tudo aquilo que tem que ser botado para fora, elas são deixadas para trás imediatamente. Quem não for vista ou ouvida fora de casa raramente recebe ajuda.

Quantos pais conseguem ir ao fundo de todos esses problemas? Quantos pais escolhem de boa vontade dedicar três, quatro anos para batalhar contra a psiquiatria infantojuvenil, para que suas filhas obtenham, na melhor das hipóteses, um selo na testa que ainda é considerado uma deficiência aos olhos de muitas pessoas?

Hoje em dia, muitos pais e mães engajados sabem disso tudo, porque todos os estudos e descobertas estão disponíveis on--line. Mas nem todos que trabalham com psiquiatria infantojuvenil optam por entender isso — as pesquisas avançam rapidamente e os critérios e a práxis nem sempre conseguem acompanhar seus passos. E muitas crianças acabam caindo nessa lacuna entre pesquisa e prática. Principalmente meninas. Meninas que muitas vezes ficam involuntariamente ausentes da escola por longos períodos, o que pode significar o início de uma exclusão para o resto da vida.

Meninas que entram na zona de risco formada por deficiências não diagnosticadas, como síndrome de Asperger e TDAH; uma zona de risco revestida de distúrbios alimentares, comportamentos obsessivo-compulsivos e de autolesão.

Inúmeros estudos em todo o mundo mostram que o TDAH está associado a um risco muito maior de cair no vício e no crime. Embora a correlação entre TDAH e transtornos alimentares seja uma área completamente nova de pesquisa, já existem sinais claros de correlação.

Quando as meninas finalmente começaram a também ser diagnosticadas, uma grande parte da sociedade passou a se incomodar, dizendo que *há excesso de diagnósticos*! E é claro que é tão maluco quanto parece. Mas toda essa ignorância, obviamente, não é culpa dos meninos. É claro que os problemas deles não vão diminuir porque as meninas foram ignoradas e precisam de todo o apoio que puderem receber. Os meninos — e seus pais e mães — também têm que suportar os efeitos negativos dos holofotes, como quando seus "comportamentos" característicos muitas vezes são ridicularizados, até mesmo pelos funcionários da escola e pelos pais e mães dos outros alunos. Como todos podem ler e encontrar solução para seus problemas em artigos recorrentes e imensamente populares sobre o tema *Tire o boné e aprenda a se comportar direito*!

Embora as pesquisas digam coisas completamente diferentes.

No palco, Svenny Kopp começa a arredondar sua palestra.

— O que eu fiz durante meus anos como pesquisadora é que examinei tanto meninas com autismo e TDAH e Tourettes e meninas sem absolutamente nenhum diagnóstico, e posso dizer que são dois tipos de famílias que vivem em planetas completamente diferentes. É quase impossível imaginar quanta diferença faz, a pressão sob a qual essas famílias vivem. Essas famílias têm meninas e, a propósito, meninos também, com alguma dessas dificuldades. O estresse é extremamente alto.

Todos estão em silêncio no auditório, exceto por alguma tossezinha e alguém folheando o bloco de notas.

— A taxa de divórcio é maior que em outras famílias. E, acima de tudo, são as mães que têm as taxas de estresse mais altas... sim, não dá para tolerar isso hoje... não dá... não conseguimos cuidar desse problema familiar, não vivemos em um estado assistencial. E as mães são expostas a esse estresse por anos a fio, enquanto muitas vezes enfrentam a incredulidade de diversas pessoas.

Na saída do auditório, Gabriella conta sobre crianças de dez anos que entraram em depressão, e isso soa como uma piada sociodarwinista de mau gosto, mas sei que é verdade. Eu vi com meus próprios olhos. Ela conta sobre uma menina com síndrome de Asperger que não sai da cama há dois anos e que não consegue mais andar porque os tendões de seu calcanhar aderiram uns aos outros.

E eu penso, quem pode trazer o caso deles à luz?

Quem pode gritar tão alto que faça todos pararem e escutarem?

Mas eu sei que ninguém consegue lidar com isso. Não sozinho.

CENA 78

CRIANÇA DE LUXO NA FOLKHEMMET

Eu cresci em uma vila operária na década de 1970, e não me faltava nada. Eu era uma criança de luxo dentro da folkhemmet, a "casa do povo". Quando olho para as crianças que estão crescendo hoje, 35 anos mais tarde — quando vejo minhas próprias filhas —, acho que não teria tido a menor chance.

A velocidade, o volume, as impressões, as demandas de lucratividade e resultados que permeiam tudo. A cultura escolar que abandona lições individuais para beneficiar uma educação em grupo economicamente mais viável e que novamente exclui todas as crianças que não têm a capacidade de trabalhar em grupo.

Todos aqueles com padrões de comportamento diferentes que poderiam se transformar em criatividade, autoconfiança e arte, mas que agora correm o risco de simplesmente cair em outra exclusão.

Mais um fracasso financeiramente rentável.

CENA 79
VIZINHO DE SEINFELD

Em uns escritórios desgastados em cima de um restaurante em Manhattan, que mais tarde seria eternizado graças à série de TV Seinfeld, foi criada, nos anos 1960, uma pequena seção da NASA. A unidade recém-iniciada trabalhava com algo que era chamado de efeito estufa.

Nesse verão, faz trinta anos que o chefe daquela unidade, James Hansen, discursou em frente ao Congresso dos Estados Unidos e apresentou evidências de que o aquecimento global realmente estava aqui.

— Temos 99 por cento de certeza que o aquecimento não é uma variação natural, e sim um fenômeno causado por uma acumulação de dióxido de carbono e outros gases artificiais na atmosfera — declarou Hansen em 23 de junho de 1988.

Mas quem, fora as pessoas envolvidas no movimento climático e ambiental, já ouviu falar dele? E quantos de nós sabemos os resultados e o significado da pesquisa que ele e inúmeros outros pesquisadores continuaram a fazer ininterruptamente na mesma área?

Se levássemos a questão climática a sério, Hansen seria mundialmente famoso, e todos os Prêmios Nobel teriam, de uma maneira ou de outra, ligações com a crise da sustentabilidade.

Mas as coisas não são assim.

As previsões de James Hansen se confirmaram com uma clareza desagradável, e ainda assim ele vive como uma espécie de pária, ignorado e repelido por todos os presidentes contemporâneos, e é um crítico proeminente do acordo de Paris, que aos seus olhos é totalmente insuficiente.

— A verdadeira farsa é todos os políticos dizerem que estão fazendo algo para resolver o problema — diz o ex-chefe da NASA, agora professor aposentado da Universidade de Columbia.

Ele tem razão.

Porque, durante os trinta anos que se passaram desde seu testemunho, as emissões mundiais de dióxido de carbono não diminuíram. Pelo contrário, elas aumentaram em 68 por cento, e apesar de toda a energia renovável — toda a energia solar e eólica recém-instaladas — o mundo usa mais fontes de energia fóssil do que em 1988. Ainda estamos andando na direção errada.

CENA 80
SUPERPODER

Quando a campanha da mídia de massa #metoo começa a martelar a superfície que as feministas tentaram arranhar por uma eternidade, temos uma abertura.

Uma fenda na fachada.

De repente, as vozes que têm soado há décadas começam a ser ouvidas através desse novo buraco, e, quando você menos espera, acontece como um pequeno milagre.

Só que o milagre não foi um milagre.

Foram apenas algumas decisões editoriais conjuntas.

Porque, quando a mídia escolhe levar adiante uma questão como a mídia sueca fez com o #metoo, absolutamente tudo muda.

Muitas pessoas do movimento ambiental estão esperando por um acontecimento semelhante para o clima.

Mas sem os arranhões na superfície e 130 anos de passos bem miúdos à frente, é claro.

O fato é que não temos esse tempo todo.

De fato, não temos tempo algum. É necessário que, dentro de dois anos, uma mudança revolucionária já esteja em pleno andamento.

— Falta uma visão entendedora das mudanças radicais que são necessárias — diz o professor Johan Rockström.

Estamos em uma crise que nunca foi tratada como crise.

São muitos os relatórios, mas as notícias são mínimas.

De acordo com a empresa sueca de opiniões e estatísticas, a Sifo, as questões ambientais foram as menos evidentes entre as questões políticas na mídia em 2016, enquanto o relatório anual do Instituto de Opinião da Universidade de Gotemburgo, SOM, mais uma vez mostrou que "mudanças no clima" é o que mais nos preocupa.

A forma com a mídia trata a questão do clima e a sustentabilidade é um fracasso total. Questões que tocam o destino da humanidade são reduzidas, na melhor das hipóteses, a artigos ocasionais, notas ou seções temáticas em que isolam seus artigos climáticos ao mesmo tempo em que os jornais impressos e site de notícias se desdobram em reportagens sobre viagem, dicas de compras e artigos sobre automobilismo.

No rádio e na televisão, geralmente se fazem debates onde ficam as palavras de um contra as palavras do outro.

Faltam manchetes não publicadas. Faltam reportagens mais aprofundadas. Faltam reuniões de emergência. Falta educação popular.

A economia vem antes da ecologia, e por isso a crise não deve ser tratada como uma crise, mas como uma oportunidade para um novo crescimento "verde". *Esse* é o plano que salvará o mundo; a estratégia que ensina que os possíveis relatórios alarmantes que podem fazer as pessoas tomarem conhecimento da crise também arriscam fazer com que as mesmas pessoas não consigam aguentar e digam *Nossa! Então a crise climática era verdade? Eu não fazia a menor ideia — mas, agora que sei, desisto! Porque, se o Acordo de Paris impõe restrições a mim pessoalmente, eu prefiro um efeito de Vênus em grande escala com níveis de água de 65 metros, morte em massa, extinção e que o oceano fique roxo e borbulhante.*

É assim que as coisas são.

Os editores de notícias não podem deixar as pessoas assustadas, apontar culpados ou dizer como as coisas realmente são, porque se não nós podemos parar com o trabalho climático megaextraordinário que já começamos — você sabe, tudo aquilo que faz com que o volume de dióxido de carbono na atmosfera continue a aumentar dez vezes mais rápido durante a maior extinção em massa que já ocorreu na Terra. Não, em vez disso, devemos contar uma nova história — uma história positiva. Algo que se possa curtir no Facebook.

Mas sabem o quê?

Já existe uma nova história! E é tão positiva que os anjos cantam vivas e dão cambalhotas no céu — porque já resolvemos a crise climática e sabemos que as soluções vão funcionar!

Além disso, as soluções são tão brilhantes que correm o risco de corrigir muitos outros problemas do momento, como as diferenças sociais crescentes, problemas de saúde mental e igualdade de gênero.

Com a vantagem de que essas soluções exigem mudanças básicas e um e outro esforço, naturalmente.

Como um imposto pesadíssimo sobre carbono, por exemplo.

Como o nosso objetivo geral ser a necessidade de reduzir as emissões.

Que comecemos a plantar uma quantidade enorme de árvores, deixando a maior parte da floresta existente em pé, para que ela continue a reter todo o dióxido de carbono que já absorveu. A floresta é nossa salvação. Mas devemos começar a tratá-la com o respeito que ela merece.

As soluções exigem reduzirmos a marcha e começarmos a viver em menor escala, coletivamente e localmente. Isso inclui tudo, desde a democracia local até uma produção de energia e alimentos em copropriedade.

Que trabalhemos em conjunto, porque problemas coletivos requerem soluções coletivas.

E que, em vez de gastar mais de 4.000 bilhões de coroas suecas em subsídios a combustíveis fósseis todos os anos, o mundo use esse dinheiro na expansão da energia eólica e solar. Um número que podemos certamente multiplicar.

Nós podemos, se quisermos.

Mas não sem esforços.

Como investir em uma tecnologia que já existe, em vez de esperar por algo que possa vir depois, quando já for tarde demais.

Que temos que mudar uma grande parte de nossos hábitos, e muitos de nós temos que dar alguns passos ecológicos para trás.

E que as empresas que criaram esses problemas paguem por tudo o que causaram — empresas que, apesar de saberem de todos os riscos, ganharam quantias enormes destruindo o clima e os ecossistemas.

Não somos nós que criamos o problema. Não é culpa de todos. No entanto, é nossa responsabilidade comum assegurar as condições para as gerações futuras. O futuro delas está em nossas mãos.

Se você pertence ao grupo daqueles que acreditam que a tecnologia nos salvará, eu recomendo que você suba no topo da pista de esqui, em Falun, e olhe para baixo, para a área de pouso. Porque a curva de emissão é íngreme assim — a curva com a qual desde hoje deve começar a descer para zero. A curva gráfica que deveria adornar todas as primeiras páginas de todos os jornais, em todos os países.

Nosso destino está nas mãos da mídia. Ninguém mais tem o alcance necessário com o pouco tempo que nos resta.

E não podemos resolver uma situação de crise sem tratá-la como uma situação de crise.

Todo mundo que já testemunhou um acidente sabe o que quero dizer.

Na crise, temos superpoderes. Levantamos carros, lutamos contra a guerra mundial e entramos e saímos de prédios em chamas. Basta alguém cair na calçada para que se forme uma fila de pessoas prontas para deixar tudo de lado para ter a oportunidade de ajudar.

É a crise em si que é a solução para a crise.

Porque, na crise, mudamos nossos hábitos e comportamento.

Na crise, somos praticamente capazes de fazer qualquer coisa.

A grande maioria de nós se sentirá muito melhor em reduzir a marcha e viver mais localmente sabendo que nossos filhos terão a oportunidade de desenvolver todas as invenções e soluções que não tivemos tempo de fazer.

A maioria de nós se sentirá muito melhor, porque países inteiros podem viver em vez de todos estarem constantemente a caminho da próxima cidade grande, da próxima viagem, do próximo aeroporto e do próximo o-que-quer-que-realmente-seja.

O mundo fica maior quanto mais devagar viajamos.

E *todos* se sentem melhor em uma sociedade que coloca a sustentabilidade em primeiro lugar.

CENA 81
PALAVRAS VAZIAS

O movimento eleitoral começou.

É julho de 2018, e de repente todos os políticos falam sobre a crise climática. Não dá mais para evitar. Porque, depois de meses de seca e calor incomparáveis, acontece exatamente o que os especialistas têm alertado há décadas. A agricultura é prejudicada e as reservas de água subterrânea estão secando.

A Suécia arde em chamas, nas florestas, turfas e pântanos, desde Gällivare e Jokkmokk até os prados no sul. E, depois de apenas alguns dias de relatório da crise na mídia, começamos, em algum lugar, a ter a noção do significado de ter quase um sexto do país localizado ao norte do Círculo Polar, no Ártico, onde a mudança climática deve ter maior impacto. A crise climática não está mais em algum lugar distante — a um grau de aquecimento, ela já está aqui e estamos na linha de frente.

Mas nossos representantes eleitos não querem falar sobre isso — é óbvio. E ninguém menciona uma única palavra sobre causa ou consequência. Os políticos querem ganhar eleições. E eleições não são ganhas dizendo a que pé as coisas andam — eleições se ganham dizendo o que o povo quer ouvir.

De repente, todo mundo aponta de passagem que "o clima é a questão mais crítica do nosso tempo", ao mesmo tempo que apresenta uma análise tão profunda quanto um horóscopo em uma revista semanal. São outros países que precisam fazer tudo — todo o resto é chamado de exibicionismo político.

Ninguém menciona que mais da metade de nossas emissões nem sequer são cobertas pelas estatísticas. É mais conveniente.

Ninguém fala que a pegada ecológica da Suécia está entre as dez maiores do mundo. Ninguém dá um pio sobre o fato de que uma viagem de ônibus entre Sandviken e Gävle produz emissões mais altas do que uma viagem de ida e volta à Nova Zelândia na primeira classe, já que as viagens aéreas internacionais não contam. O frete marítimo ou mercadorias que importamos de outros países também não.

Quando mudamos a produção de produtos suecos para países com salários mais baixos, não deixamos apenas de pagar salários razoáveis — também nos livramos de uma parte gigantesca de nossas emissões de dióxido de carbono. Então, agora podemos culpar os outros e exigir que eles ajam, porque já melhoramos os nossos números quando despejamos nossas fábricas na China, no Vietnã e na Índia.

"Eles precisam das nossas indústrias e do nosso comércio para elevar seus padrões de vida", pode-se se propagar, claro. Mas, já a 1,5 grau de aquecimento, há outras coisas que eles precisam mais. Habitabilidade, por exemplo.

"A Suécia é muito pequena", dizem os políticos que representam a maioria dos eleitores. "É melhor que tentarmos influenciar os outros."

E nenhum jornalista responde à retórica. Ninguém diz que, com a mesma lógica, todos nós poderíamos deixar de pagar impostos porque *minha pequena contribuição é tão ridiculamente pequena que é melhor que eu a ignore e invista em algo que realmente beneficie a mim e minha família. Todo o resto será meramente uma sinalização de bondade.*

Nenhum jornalista menciona que, quando pequenos países como a Costa Rica decidem proibir itens descartáveis de plástico, geram artigos que são compartilhados centenas de milhares de vezes, porque o mundo está muito faminto por exemplos positivos. Faminto do que as pessoas percebem como esperança. Esperança — como nas proibições e limitações para o bem de todos. Ninguém menciona que a pequena Costa Rica começou uma tendência e que outros países já escolheram seguir o mesmo caminho. Países como a Índia.

Há, naturalmente, políticos suecos com discernimento que querem resolver o problema, mas eles não são ouvidos. A opinião é fraca demais. O debate ainda não começou adequadamente, e diferenças de discernimento são muito grandes. Alguns estão no ponto 117, enquanto a maioria nem chegou ao ponto 2.

Nós lemos o livro *Factfullness* do trio Rosling. Esse livro é fantástico de várias maneiras possíveis, mas nem mesmo a crise climática e de sustentabilidade é descrita como particularmente aguda.

"Mas quem liga para a mudança climática deveria parar de assustar as pessoas com cenários improváveis. A maioria das pessoas já tem conhecimento e reconhece o problema. Insistir nisso é como chutar uma porta que está aberta. É hora de parar com o falatório. Em vez disso, vamos usar essa energia para resolver o problema com ação: ação movida não por medo e urgência, mas por dados e análises ponderadas."

Isso é o que escrevem três dos mais populares — e justamente aclamados — autores do mundo de nosso tempo. Mas esse raciocínio está longe de ser unicamente do Gapminder e do trio Rosling.

Pode vir de qualquer editorial, político, tomador de decisões ou representante comercial. Esse é o raciocínio convencional. Essa é a imagem que se vê por todos os lados.

Mas ela é real?

As informações divulgadas por organizações ambientais e especialistas em clima são improváveis? Essas dezenas de milhares de pesquisadores estão tentando nos assustar?

E acima de tudo: temos tempo para continuar, sem urgência, com mais análises frias?

Ou será que as mudanças agora são tão rápidas que nem temos tempo de assimilar as informações? É sempre esse detalhezinho mínimo sobre o volume de dióxido de carbono da atmosfera que corrige cada um de nós.

Quase em nenhuma parte da nossa cultura é dito que a questão climática é uma indicação de um erro no sistema. É um *problema*, e os problemas são resolvidos com novas invenções. Novos aparelhos. E, quando a pesquisa diz outra coisa, você pede novas investigações e novas pesquisas que possam mostrar um resultado mais de acordo com o que queremos ouvir, e assim continuamos. O tempo todo.

Esse é um desenvolvimento muito perigoso, mas, para mim, há uma coisa que incomoda um pouco mais que tudo: a afirmação constantemente repetida de que "a maioria já conhece e assume o problema". Todo mundo parece acreditar que esse é mesmo o caso.

"Quando olharmos nossos netos nos olhos, no outono da nossa vida, poderemos dizer que lidamos com a ameaça quando a vimos. Ou poderemos dizer a eles que não fizemos nada, mesmo sabendo dela", diz a vice-primeira-ministra da Suécia ao encerrar a Almedal Week de 2018.

Ninguém parece duvidar que isso seja verdade, apesar de significar basicamente uma visão da humanidade que é totalmente estranha para todos nós.

Porque se nós soubéssemos — se nós soubéssemos as consequências do que fazemos e ainda continuamos fazendo... o que isso diz sobre nós?

E o que isso diz sobre todos aqueles que pensam que as coisas são assim?

CENA 82
SER DIFERENTE

Eu realmente sou um caso perdido, não consigo fazer quase nada prático.

Eu não tenho carteira de motorista.

Quando eu tinha 20 anos, aquecia o pão no forno ainda com plástico e nunca conseguia acessar o banco pela internet e pagar minhas contas.

Eu tenho que escrever longas listas de tudo que devo fazer, porque, senão, não faço. Eu não consigo deixar certas coisas de lado. Fico presa. Se eu não tivesse me tornado cantora, provavelmente não teria sido nada, para ser honesta. As chances são muitas de que eu estivesse presa em alguns dessas águas profundas que não ser diagnosticado com TDAH às vezes implica.

Hoje em dia você tem que ser extrovertida. Tem que saber um pouco de cada coisa. Você pode basicamente possuir conhecimentos no nível de pós-graduação e ainda não cumprir os requisitos de avaliações da escola secundária, se não dominar a comunicação verbal.

Então o que acontece com aqueles que são muito bons em algo específico, mas que não têm a capacidade de fazer algo diferente do que lhes interessa?

O que acontece com aqueles que por acaso são um pouco tímidos? O que acontece com aqueles que se sentem fisicamente mal quando precisam falar na frente de outras pessoas? O que acontece com a grande parte da população que não possui as habilidades sociais que atualmente valorizamos mais do que qualquer outra coisa?

A questão é se uma única pessoa que difere demais da multidão sobreviveria à escola sueca como ela é hoje; de qualquer forma, muitos deles que vão trabalhar em áreas que exigem sensibilidade, escuta e empatia não conseguiriam. Portanto, devemos mudar isso.

São valores muito altos que estão em jogo.

Ser diferente é a base de toda arte. E, sem a arte, tudo vai lentamente, lentamente, se transformar em nada.

CENA 83

ALÉM DOS BASTIDORES

Greta, Svante e eu nos encontramos com Kevin Anderson e seu colega de pesquisa Isak Stoddard no Departamento de Ciências da Terra, CEMUS, na Universidade de Uppsala.

Nós já tivemos contato com Kevin e Isak antes. Um ano antes, escrevemos um reconhecido artigo de debate no DN, juntamente com Björn Ferry, Heidi Andersson, Staffan Lindberg e o meteorologista Martin Hedberg, no qual explicamos por que escolhemos parar de viajar de avião e permanecer no solo. O artigo serviu de base para o debate sobre viagens aéreas que deslanchou na mídia alguns meses depois.

Faz várias semanas que não chove, e os gramados de Uppsala já estão castanhos e queimados pelo sol do início do verão.

Kevin Anderson fala sobre o calor do seu apartamento para pesquisadores visitantes, e como ele dorme com a janela aberta, "como na Grécia".

Nós enchemos nossas xícaras com café e leite de aveia e nos acomodamos em uma pequena sala de conferência com sofás e estantes. Kevin toma chá.

— Primeiro de tudo — diz Svante, apertando o botão de gravação no celular —, quando falamos sobre grandes reduções nas emissões de dióxido de carbono em países como a Suécia, os números variam. Você e outros pesquisadores dizem de dez a quinze por cento ao ano, mas os políticos e a Agência Sueca de Proteção Ambiental falam de cinco a oito por cento. Como podemos explicar isso?

— Existem várias razões para isso. Por exemplo, a cifra de cinco a oito por cento não inclui viagens aéreas, marinhas e mercadorias produzidas em outros países — responde Kevin Anderson. Ele fala rápida e claramente, com um impulso convincente como poucos que conhecemos. — Além disso, os cálculos de países industrializados, como a Suécia, nunca incluem um mínimo do aspecto da justiça para os países nas partes mais pobres do mundo que nos comprometemos a fazer. Isso está claro no Acordo de Paris, no Protocolo de Kyoto e assim por diante. Nos comprometemos a reduzir nossas emissões de uma perspectiva que ignoramos completamente. Mas o mais importante, nossos modelos de redução de emissões são totalmente dependentes de enormes quantidades de tecnologias de emissão negativas. Em outras palavras, invenções que não existem e que nenhum pesquisador diz que chegarão nas proximidades dos cálculos que atualmente são usados em todos os modelos climáticos. Parece muito estranho, é claro, mas o fato é que, apenas dois anos atrás, muitos pesquisadores em clima não sabiam que esse era o caso. Conheço muitos colegas que ficaram totalmente chocados quando lhes disseram que essa tecnologia, que nem sequer foi inventada, não está incluída apenas em alguns dos cálculos futuros, mas em todos eles.

Kevin faz uma pausa e repete a reação de seus colegas pesquisadores. Eu fico sentada, em silêncio, e deixo Svante cuidar de nossas anotações e perguntas. Como sempre quando conversamos com pessoas que trabalham com questões climáticas, eu escolho ouvir mais do que falar. Em parte porque aprendo mais, mas principalmente porque tenho medo de dizer algo estúpido.

— Isak e eu calculamos que os países ricos, como a Suécia, devem começar a reduzir suas emissões em pelo menos dez a quinze por cento ao ano a partir de hoje, porque em 2025 deveríamos ter reduzido as emissões em 75 por cento. Isso se quisermos ter a chance de atingir a meta de dois graus. Depois, temos que atingir emissões zero entre 2035 e 2040. Isso significa, entre outras coisas, que viagens de avião, navegação e todos os transportes têm que ser reduzidos a zero.

Todos os olhares da sala se encontram por um breve segundo. Estamos muito longe do que se costuma ler e ouvir sobre a chamada conversão verde de que alguns políticos e a comunidade empresarial tanto gostam de falar.

— De acordo com nossos cálculos, temos de 6 a 12 anos com a taxa atual de emissões. E nós nem contamos com produtos feitos em outros países. Se contarmos, nos restaria muito menos tempo — continua Kevin. — Às vezes, costumo terminar minhas palestras citando o escritor americano de sustentabilidade Alex Steffen, que diz: "*Vencer lentamente é o mesmo que perder.*" Ele está certo porque simplesmente não temos mais tempo, a transição deve começar agora.

A Suécia criou, recentemente, uma lei climática sobre a qual vários líderes políticos estão muito felizes e orgulhosos. E mesmo que a ideia de uma legislação assim seja algo positivo, nem Isak nem Kevin ficam particularmente impressionados.

— A lei climática sueca deve ser revista imediatamente se quiser ter algum efeito — diz Kevin. — É preciso, antes de tudo, incluir um orçamento de carbono e uma perspectiva de justiça, alinhados com o acordo de Paris, para com países que ainda não construíram a assistência social e a infraestrutura que já temos. Devemos incorporar esse ponto de vista em nossos cálculos e em nossas leis climáticas. E depois, claro, devemos também incluir o transporte marítimo e as viagens aéreas internacionais, para que o que realmente fizermos também tenha efeito.

No inverno passado, quando Kevin Anderson deu uma palestra na Academia Real de Ciências para, entre outras pessoas, a princesa herdeira Victoria, ele começou advertindo o público, porque o que ele pesquisa não é exatamente fácil de se assimilar para a maioria das pessoas. Há alguns anos, provavelmente precisaríamos de algo semelhante antes dessa conversa com Kevin e Isak, mas agora tudo isso se tornou parte de nosso novo cotidiano.

— Há quase trinta anos, sabemos tudo o que precisamos saber sobre a mudança climática, mas, ao longo desse tempo, optamos por não fazer nada sobre esses problemas. Nem mesmo países progressistas como a Suécia fizeram alguma coisa: se você contar com viagens aéreas e marinhas e as mercadorias produzidas no exterior, as emissões da Suécia permaneceram no mesmo nível de 1992, quando a primeira reunião climática da ONU foi realizada no Rio. Em vez disso, deixamos os economistas controlarem nossas decisões. Nós levamos todos a acreditar que fazemos o que é necessário, mas o fato é que nenhum país industrializado do mundo faz nada que pelo menos se pareça com o que é necessário. Há uma palavra sueca fantástica para o que isso que fazemos: *swindlee.*

— *Svindleri* — corrige Isak.

— Isso mesmo! *Svindleri*, golpe. — Kevin ri e continua. — Se tivéssemos agido como dissemos que faríamos, a questão climática não tinha se tornado um problema tão grande. Poderíamos ter conseguido fazer tudo, com novas tecnologias e mudando as diretrizes econômicas. Mas, como passamos trinta anos conversando, mentindo e atrasando tudo, precisamos de uma mudança no sistema, porque o modelo econômico de hoje não será capaz de resolver a crise climática. E menos ainda a crise de sustentabilidade. Ele precisa ser substituído — diz Kevin, e troca de lugar no sofá, que parece vir de um brechó, assim como o resto da mobília gasta, desencontrada.

— Mas tem muita coisa agora que dá esperança. Muitos sinais indicam que uma mudança de sistema é possível, e, mesmo que o resultado de grande parte da mudança que ocorreu até agora nem sempre seja bom, os sinais estão lá. A crise bancária, a primavera árabe, Corbyn, Trump, Bernie Sanders, o preço da energia renovável, o debate sobre o impacto do diesel e da gasolina na nossa saúde

— E o movimento #metoo — completo.

— Exato — diz Kevin. — Estamos provavelmente enfrentando grandes mudanças na sociedade. Temos esperança.

Eu me inclino para Greta e pergunto se está tudo bem em dizer o que ela está planejando fazer. Ela faz que sim.

— Greta está pensando em fazer uma greve escolar em frente à Casa do Parlamento, quando voltarem as aulas em agosto. Ela pretende sentar lá todos os dias até a eleição parlamentar.

Kevin e Isak ficam radiantes e param como se tivessem ouvido algo incrível e inesperado.

— Durante quanto tempo você vai ficar lá? — pergunta Kevin.

— Três semanas — diz Greta, tão baixinho que não quase não dá para ouvir.

— Três semanas, sério? — pergunta Isak.

Greta assente, concordando.

— Acho que isso vai fazer alguns políticos escutarem — diz Kevin, animado.

— Ela teve essa ideia quando participou de uma conferência telefônica sobre o início de uma versão sueca do Zero Hour. É um novo movimento nos Estados Unidos que fará as crianças exigirem uma resposta dos políticos porque eles não fazem nada — conta Svante. — Mas Greta não acha que seja mais suficiente apenas protestar. Ela acha que alguma forma de desobediência civil é necessária. Algo um pouco ilegal. Né, Greta? — pergunta Svante, como costuma fazer quando fala no lugar de Greta, porque o mutismo dela atrapalha. Ela assente. — Mas, nesse caso, ela tem que fazer tudo sozinha. Não podemos ficar por trás dela e ajudar — explica Svante.

— Mas Greta já tem mais conhecimento sobre essa questão do que eu e Svante — digo. — É inteiramente mérito das nossas filhas que tenhamos dado atenção à crise climática. Sem elas, nunca teríamos nos envolvido

— Muito bem, Greta — dizem Kevin e Isak ao mesmo tempo.

Os olhos de Greta brilham, e acredito que algo começa bem ali, no sentido de ser vista e ouvida em um contexto que na verdade tem um significado concreto.

Ficamos quietos por um tempo. Os pensamentos tomam conta da sala — a ideia de que a menina quase invisível que está sentada ali na cadeira perto da janela está planejando ficar na frente dos holofotes e completamente sozinha, com suas próprias palavras e pensamentos, questionando a base da ordem mundial vigente...

Encontrar um caminho que pode nos tirar da crise de sustentabilidade é fazer o impossível, e eu amo todos que são loucos o suficiente para tentar. No entanto, quando se trata de minha própria filha, estou longe de ser tão positiva, e, se fosse apenas por mim, eu provavelmente diria que não. Mas agosto está longe. E a distância entre pensamento e ação também é grande quando você nem sequer passou da oitava série.

Há alguns anos, Kevin Anderson atraiu muita atenção quando se recusou a participar de uma conferência sobre o clima em Londres, porque todos os participantes tinham que pagar uma taxa de compensação climática. Kevin Anderson acredita que compensação climática faz mais mal do que bem, porque envia um sinal claro de que há uma maneira fácil de recuperar o dióxido de carbono que liberamos e, assim, fazer com que as emissões sejam desfeitas.

— Então, se a ideia de compensação climática está errada — pergunta Svante —, não há como compensar o que fazemos senão deixar de fazer?

— Não. Se você viajar de avião, primeiro enviará uma mensagem clara às companhias aéreas de que elas podem continuar a fazer o que fazem, e elas comprarão mais aviões e expandirão os aeroportos. O que, claro, é exatamente o que está acontecendo em todo o mundo agora. As companhias aéreas encomendam mais e mais aviões, e aeroportos recém-fabricados estão se expandindo. Ao viajar de avião, você não pressiona os políticos a apostar nos trens, que é o que eles deveriam fazer. E, em segundo lugar, você emite muito dióxido de carbono na atmosfera, e isso afetará o clima por milhares de anos. Esse dióxido de carbono não vai desaparecer porque você compra painéis solares para aldeias pobres na Índia. Isso não significa que não devemos comprar painéis solares para vilarejos pobres na Índia, nem deixar de plantar árvores, já que plantar árvores traz benefícios ecológicos (mas não é em qualquer lugar, porque o solo, o plantio florestal e as emissões são coisas muito complicadas sobre as quais ainda sabemos pouco). Mas nós não temos que viajar de avião ou comer hambúrgueres para fazer isso. Fazer compensação climática é como pagar as pessoas pobres para perder peso para nós

CENA 84
QUANDO O MICROFONE É DESLIGADO

Depois de algumas horas dentro da universidade, vamos a um jardim próximo à Estufa Tropical e almoçamos. Roxy finalmente recebe uma grande tigela de água e bebe satisfeita no calor, se arrastando para debaixo da mesa e se acomodando em seguida. Pedimos um almoço vegano enquanto Greta guarda sua jarra de vidro com macarrão de feijão para a viagem de volta.

— Eu também costumo comer a mesma comida todos os dias — conta Kevin para Greta. — Vivo basicamente de brócolis e pão. Todo mundo acha que estou brincando quando digo isso, mas é simples e prático. E eu gosto muito de brócolis e pão.

Greta acena sutilmente como resposta, e eu acho que o que ele diz é meio brincadeira, um sinal de empatia e excentricidade.

Conversamos sobre nossos verões em Lewes quando Greta era pequena e, é claro, falo sobre minhas memórias de infância do mosteiro de Whitby. Nós assumimos o papel de suecos de língua inglesa e, como sempre, nos tornamos pessoas um pouco diferentes do que somos em sueco.

— Você precisa vir nos visitar em Dalhalla — dizemos, e Kevin pergunta qual a distância de Uppsala.

— Duzentos, duzentos e cinquenta quilômetros?

— Você pode ir de bicicleta — diz Isak, de uma forma que nos faz entender que Kevin é um ciclista muito bom.

Kevin é como qualquer bom inglês: social, calmo, aberto e empático.

Nós falamos sobre amizades que são colocadas à prova quando você deixa a crise climática afetar e mudar sua vida, mas Kevin diz que ele nunca teve nenhum grande problema com isso.

— Eu nunca fico bravo com céticos climáticos. Nem mesmo políticos ou legisladores me incomodam muito. A única coisa que realmente me incomoda são outros pesquisadores que mais ou menos deliberadamente distorcem os fatos científicos de modo que pareçam menos alarmistas do que são. Isso me deixa puto.

Quando você vê Kevin Anderson falando no palco, você entende que, no fundo, ele está com raiva, mas ele nunca demonstra estar com raiva. Ao contrário, ele parece ser veemente, objetivo e convencido. Quando você ouve a voz dele, pode-se definitivamente ouvir traços de raiva, mas ele nunca *parece* estar irritado.

Tem gente — continua ele — que acha que nós, cientistas, não deveríamos falar disso, porque é muito político. Acredito que é exatamente o oposto. São aqueles que escolhem ficar em silêncio que são verdadeiramente políticos, porque o silêncio deles diz que tudo está bem, e essa é uma mensagem tremendamente poderosa que defende o *status quo*, ou de *negócios como de costume*. Muitos pesquisadores também dizem que nossa mensagem não pode ser tratada nos sistemas políticos e econômicos atuais e, portanto, devemos adaptar o que dizemos à realidade na qual a sociedade está inserida. Mas, de novo, eu acredito que esse pensamento está completamente errado. Nós que estamos envolvidos em pesquisa climática somos apenas cientistas do clima. Nossa tarefa é apresentar fatos sobre o clima. Nós não somos especialistas em política ou questões sociais, então não é nosso lugar deixar a política, ou o pensamento de como nossos resultados serão recebidos, direcionar nosso trabalho. Nossa tarefa é pesquisar e apresentar fatos.

Comemos e colocamos de lado os pratos. Roxy derrama a tigela de água em sua ânsia por três pedaços de pão que sobraram. Para explicar a relutância de muitos de seus colegas em linguagem clara, Kevin Anderson mais uma vez retorna aos anos que se passaram após o testemunho de James Hansen no Congresso dos Estados Unidos e a primeira conferência climática da ONU no Rio de Janeiro.

— Eu acho que desde que começamos a trabalhar nessa questão depois da Rio 1992, quando havia um grande otimismo sobre como poderíamos resolver os problemas, o espírito positivo sobreviveu. E esse otimismo era legítimo naquela época. Os anos se passaram e nada aconteceu, os problemas foram se acumulando, é claro, e se tornaram cada vez piores. Mas ainda temos aquele otimismo que sentimos no começo. Muitos pesquisadores têm sido um pouco como um sapo no caldeirão. Quando vai ser a hora de pular da panela?

— Mas isso começou a mudar? — pergunta Svante.

— Sim, agora que a mudança climática está ocorrendo muito mais rápido do que qualquer um de nós calculamos, vemos cada vez mais pesquisadores escolhendo se tornar mais sinceros. Mas isso acontece muito gradualmente, e alguns ainda escolhem suavizar e atenuar a mensagem quando falam publicamente. Por exemplo, se você toma uma cerveja com um pesquisador ou um político, eles sempre falam de como a situação está ruim. Mas, assim que colocam um microfone na frente deles, dizem alguma bobagem otimista sobre a mudança climática.

Saímos da sombra das macieiras e vamos andando no sol crepitante de Uppsala. No caminho de volta para a universidade, perguntamos a Kevin e Isak com que frequência eles são convidados a aparecer na mídia e nos canais de serviço público.

Sabemos, é claro, que é bem difícil flertar com a SVT quando se trata de programas sobre o clima, mesmo assim queremos perguntar — pelo menos como documento temporal de 2018. Nós mesmos tentamos vender várias ideias de programas, mas nem o produtor mais bem-sucedido da Suécia teve algum interesse em nossas ideias.

— Ouvimos a palestra de verão de Johan Rockström e ele parecia muito esperançoso. Deu a impressão de que vamos conseguir virar essa crise — disse um planejador de programa quando eles rejeitaram seis seções de *infotainment* sobre clima e sustentabilidade.

Mas, agora, já faz um bom tempo que temos um dos principais pesquisadores climáticos do mundo trabalhando em Uppsala durante vários meses do ano. Claro que a SVT ou a TV4 devem ter aproveitado a oportunidade de fazer algo sobre o assunto que mais preocupa os suecos, né?

Mas não. Não chegou nenhum convite da televisão sueca.

— Temos visto um aumento grande no interesse da mídia desde que Kevin veio para cá — explica Isak. — Muitas vezes recebemos convites e contribuímos muito com rádios, jornais e televisão regional.

— Ok, mas quantas vezes Kevin participou dos telejornais Rapport, Aktuell ou TV4 news?

— Nenhuma vez — responde Isak.

— Quantas vezes Kevin foi *convidado* a participar do Rapport, Aktuell ou TV4 news? — perguntamos novamente.

— Nenhuma vez — repete Isak.

— Entrevista nos jornais DN ou SvD?

Isak faz uma leve careta e balança a cabeça novamente antes de repetir a resposta pela terceira vez.

— Nenhuma vez.

No carro elétrico, de volta para casa em Estocolmo, nos lembramos de todas as coisas que esquecemos de perguntar.

Mas não importa, porque as perguntas nunca precisaram ser feitas.

Não há resignação, nem escuridão nem tristeza na companhia de Kevin Anderson.

Há apenas uma força de ação calma, esperançosa e concreta.

CENA 85
"NUNCA É TARDE DEMAIS PARA FAZER O MÁXIMO POSSÍVEL", PÄR HOLMGREN

Se a história da Terra fosse traduzida em um ano, a revolução industrial ocorreria cerca de um segundo e meio antes da meia--noite. Na véspera de ano-novo.

Durante esse curto espaço de tempo histórico, já criamos tanta destruição que nosso progresso só pode ser comparado às cinco extinções em massa da Terra. Só com uma grande diferença: o tempo.

Eventos que levaram centenas de milhares ou milhões de anos sem intervenção humana podem ser eliminados em poucas semanas, simplesmente vivendo como de costume.

Nós vivemos no que já é muitas vezes referido como o sexto extermínio em massa. E isso não começou no final do século XVIII — isso vem acontecendo há milhares de anos.

Muitos acreditam que houve uma época em que o homem vivia em harmonia com a natureza, mas esse tempo nunca existiu.

Pessoas viveram em harmonia com a natureza. Mas nunca a humanidade.

Onde quer que tenhamos aparecido na Terra, o extermínio seguiu nossas trilhas. A conexão entre o tempo de entrada geográfica humana e a cronologia do número de espécies animais extintas — especialmente os grandes animais, a chamada *megafauna* — fala uma linguagem clara.

Uma linguagem que podemos abandonar. Se quisermos.

CENA 86
TESTAMENTOS DE UMA FARTURA HISTÓRICA A TODAS AS GERAÇÕES FUTURAS

Haverá um tempo em que não estaremos mais aqui.

Haverá um tempo em que nossos filhos, netos e bisnetos não estarão mais aqui.

Uma época em que, na melhor das hipóteses, viveremos em alguma árvore genealógica, em um disco rígido ou em alguma foto empoeirada em que ninguém mais reconhece ninguém.

Mais cedo ou mais tarde, todos nós cairemos no esquecimento, por mais importantes, odiados ou amados que sejamos.

É um pensamento difícil. E não será mais fácil quando você perceber que não são apenas nossas experiências, boas ações e humanidade que serão levadas em conta, no final. Acontece que a educação básica saudável e humanitarista que quase todos recebemos deixou um pequeno detalhe para trás: nossa pegada ecológica.

Haverá um tempo em que todos desaparecemos e seremos esquecidos. A única coisa que restará de nós são todos aqueles gases de efeito estufa que, de forma parcialmente ignorante, enviamos para a atmosfera.

No caminho para o trabalho.

No supermercado Ica Maxi.

Na loja H&M.

Ou indo para uma gravação de televisão em Tóquio.

Alguns deles vão flutuar lá por mil anos.

Alguns serão absorvidos por árvores e plantas.

E alguns talvez sejam sugados e armazenados no fundo da rocha com a ajuda de alguma invenção e alguma logística inteligente que ninguém inventou ainda.

Talvez tenhamos inventado um aspirador de pó para o mar também; uma máquina mágica que pode limpar nossos oceanos de todo o dióxido de carbono absorvido. E isso é necessário, uma vez que quarenta por cento das nossas emissões de dióxido de carbono são absorvidas pelos oceanos e causam uma acidificação que muitos consideram ser uma ameaça muito maior do que o efeito estufa que ocorre nas camadas de ar acima da superfície.

É assim que todos nós vamos continuar vivos — mas talvez não da maneira que imaginamos.

Porque, com pouquíssimas exceções, a memória de nenhum de nós sobreviverá aos traços ecológicos que deixamos para trás.

Se você estiver se sentindo um pouco pesado e sem esperança agora, lembre-se de que talvez precise apenas de um grande ídolo ou *influencer* para começar a redesenhar esse mapa. O poder das celebridades pode, sem dúvida, ser discutido, mas essa é a realidade de hoje, e isso não tem tempo de mudar. A vantagem é que no mundo conectado de hoje basta que apenas um único rei, superstar ou papa opte pessoalmente por se comprometer com zero emissões, com o veganismo, se recusar a viajar de avião e passar a instalar células solares no telhado, para que se sinta que a mudança é possível.

Não se pode criar uma mudança de sistema por conta própria. Mas uma única voz é suficiente para iniciar uma reação em cadeia que pode colocar tudo em movimento — se essa voz for forte o suficiente.

4.
E SE A VIDA FOR PARA VALER E TUDO O QUE FIZERMOS TIVER ALGUM SIGNIFICADO?

O homem é parte da natureza,
E sua guerra contra a natureza
É inevitavelmente uma guerra contra si mesmo.

Rachel Carson

CENA 87

MAIS AO NORTE

Está quente em Luleå. Muito quente. Svante seca o suor da testa, sacode a camisa para se refrescar e assopra o ar para mostrar que está com muito calor. Mas a mulher da recepção não quer nem saber desse tipo de comentário sem palavras.

— Quando o calor finalmente chega aqui em cima, não gosto de ver ninguém reclamando — diz ela, como se fosse algo mais importante do que simplesmente o tempo.

— Com certeza — responde Svante e digita a senha no leitor de cartões. Como se costuma dizer, é melhor escolhermos nossas batalhas com cuidado.

Greta e Roxy estão esperando no calçadão em frente ao hotel e juntas arrastam a bagagem para o carro elétrico e abrem o porta-malas. Svante acomoda a mala com o micro-ondas, fogareiro e toda comida de que Greta pode precisar nas próximas duas semanas. Roxy pula e se acomoda no banco traseiro enquanto Greta digita o endereço de destino no GPS do carro e saem do estacionamento.

— Faltam uns três quilômetros para que a bateria seja suficiente — diz Greta enquanto vão em direção à rodovia E4 no carro quase completamente silencioso.

— Hoje vamos viajar só o que a bateria permitir — replica Svante. — Vamos devagar. Tentamos economizar energia e vemos até onde conseguimos ir.

Eles seguem a E4 em direção a Kalix e depois seguem para o norte em direção a Gällivare.

Do lado de fora, a paisagem de verão passa a oitenta quilômetros por hora do outro lado da janela do carro. A floresta que veem agora parece diferente. Alguns anos atrás eles veriam árvores e natureza e campos intactos. Agora eles veem áreas de silvicultura, plantações e monoculturas privando a terra de sua diversidade e resistência.

É claro que Greta preferia ir de trem, porque nenhum carro particular no mundo pode ser considerado sustentável. Por mais que seja elétrico. Mas isso ainda é impossível por causa de seus transtornos alimentares e compulsões. Só o fato de poderem viajar desta forma já é um enorme avanço. Há apenas alguns meses seria impensável. A energia de Greta aumentou pouco a pouco desde a primavera. Depois teve a competição de redações do jornal Svenska Dagbladet. E além de tudo ela começou a planejar sua greve escolar.

Há várias fazendas aninhadas no verão de 27 graus. Fazendas abandonadas. Fazendas cheia de vida. Fazendas com animais de estimação e pessoas.

Fazendas com montes de veículos motorizados aposentados. Carros, tratores, caravanas, snowmobiles, snow blowers, mobiletes e motocicletas. Cada saída da rodovia é um museu automotivo em potencial.

Mas, um pouco mais afastado da estrada, se percebe também o sonho de outra vida, mais simples e talvez melhor. Casinhas vermelhas, erguidas na terra magra, parecem ter parado no tempo.

Svante e Greta vão escutando o audiolivro de Naomi Klein *This changes everything* (*Isso muda tudo*, em tradução livre). De vez em quando eles fazem uma pausa no livro e conversam sobre o que ela diz. E voltam a escutar novamente.

Toca, ouve, pausa.

O verde dos arbustos, das árvores jovens e das florestas de pinheiros se estendem quase até o Círculo Polar Ártico e o sinal branco exótico na estrada proclama que esta é a *fronteira de terras cultiváveis*. A estrada é quase infinitamente reta e vazia. Dezenas de quilômetros de mesmice. As árvores vão diminuindo em tamanho conforme se distanciam da baía de Bótnia.

Eles veem algumas tiras pretas penduradas nos pinheiros, mas não sabem o que são. Greta tira algumas fotos para perguntar a alguém amanhã quando chegarem.

As condições de condução são perfeitas para o carro elétrico, e o indicador da bateria mostra que a carga é suficiente para chegar cada vez mais longe.

— Mesmo assim paramos e carregamos em Kiruna. Precisamos comprar pão e verduras, né?

— Uhum — responde Greta.

O supermercado Coop, em Kiruna, ostenta o *Grande passo climático de Norrbotten*. Até agora isso consiste em dois carregadores de carro elétrico em um canto do gigantesco estacionamento do centro comercial de Kiruna. A luz vermelha sem graça de um diz que está quebrado, mas o outro está funcionando e Svante gentilmente pede à pessoa parada ali com o motor do SUV ligado se ela não poderia ficar em qualquer uma das outras vagas livres, para que eles pudessem carregar o carro. A bateria carrega energia suficiente para cinquenta quilômetros a cada hora e eles caminham devagar pelo estacionamento, que está bem cheio, em direção a um bosque onde Roxy pode correr e farejar à vontade. Ela está bem longe de County Cork e do quintal onde cresceu.

Está quente em Kiruna também. Tão quente quanto em Luleå. Cheira a fumaça de escapamento, fritura e grama recém-

-cortada. Um homem sai da loja Rusta com um aparador debaixo do braço. Ele está vestindo um short jeans sem barra, uma camiseta branca e debaixo do outro braço ele carrega uma caixa de papelão vazia. Deixa a caixa do lado de fora da loja e está pronto para sair pela vizinhança e dar à vegetação ártica o que ela aguenta e merece.

Svante e Greta usam o banheiro do Burger King, se esgueirando por entre bandejas lotadas, cadeiras e mesas carregadas de whoppers, Coca-Cola e batata frita. O chão está grudento por causa de todo o ketchup e refrigerante que foi derramado nele.

Alguns homens em roupas de trilha, estão parados na frente da franquia com caixas de cerveja, varas de pescar e mochilas espalhadas na calçada. À espera da aventura na natureza virgem, eles transformaram aquela pequena parte do centro comercial em um vestiário masculino — xingando, tirando sarro uns dos outros e rindo o mais alto possível. Aqui saímos para pescar. Aqui ficamos ao ar livre, na natureza. E aqui bebemos álcool.

Greta e Svante compram tudo que precisam e continuam a viagem. No rádio toca a música favorita de Beata, *Whatever It Takes*, do Imagine Dragons, e Svante sente tanta saudade dela que dói.

Queria que ela também estivesse ali.

Queria que eles pudessem fazer tudo juntos.

Dá para ver a silhueta das montanhas atrás da mina. E toda a natureza intocada, que já não é mais tão intocada assim. Svante tenta apontar para onde o centro de Kiruna vai se mudar, mas não é muito claro. Tudo o que dá para ver à direita é um grande gramado e alguns arranha-céus projetados pelo arquiteto Ralph Erskine.

— Acho que a cidade vai ficar ali atrás daquele monte, mas não tenho certeza. Uma grande parte da cidade precisa ser mudada de lugar porque obviamente não é mais seguro onde está agora. A igreja, a prefeitura, o quiosque de cachorro-quente. A mina cresceu tanto e eles retiraram quantidades tão grandes de minério daqui que tudo está prestes a desmoronar. E agora a LKAB se vangloria de que eles estão pagando toda a realocação.

— Não é mais que a obrigação deles — observa Greta.

— Pois é, mineração não é exatamente uma atividade sem fins lucrativos — concorda Svante e aperta o play para continuarem ouvindo Naomi Klein enquanto seguem a ferrovia de transporte de minério rumo ao noroeste. Depois de alguns quilômetros precisam parar para esperar um rebanho de renas passar e Greta tira fotos com seu velho celular rachado, que serviu como roteador de wifi, durante um ano inteiro, para a família de refugiados que moravam na nossa casa de veraneio em Ingarö.

É outro mundo — um mundo onde os carros ainda precisam se adaptar aos animais. As renas se amontoam em torno das carretas na pista oposta até que o carro possa passar lentamente pelo rebanho e continuar pela paisagem plana em direção a Torneträsk.

CENA 88

UMA MÁQUINA DO TEMPO

Svante pensa tanto que seu corpo todo vibra. Quer conseguir responder à pergunta. Quer mostrar que está suficientemente inteirado do assunto para poder justificar sua presença entre os vinte estagiários universitários, vindos de toda a Europa, que preenchem a sala de aula na Secretaria de Pesquisa Polar em Abisko. Mas a pergunta é difícil.

— Qual é a eficiência das células solares?

Ninguém sabe responder, embora a questão seja sobre energia renovável e embora todos estejam estudando sustentabilidade, ecologia, biologia ou clima. Svante pensa em chutar uma resposta. Algo sobre a inclinação e graus, pensa quando Keith Larson, ecologista evolucionário da Universidade de Umeå, surpreendentemente aponta na direção da carteira em que Svante e Greta estão.

Roxy dorme debaixo da cadeira de Greta. Svante sente uma ligeira onda de estresse enxaguando seu corpo até ver de esguelha que Greta levantou a mão. Ele não tem tempo para reagir.

— Dezesseis por cento — responde ela em voz alta e clara, em inglês e, pela primeira vez em anos, Svante a ouve falar por iniciativa própria com alguém de fora da família, além de sua professora Anita.

De onde veio isso, assim de repente, ele não entende. Menos ainda, a origem da resposta, "dezesseis por cento".

— Exato! — responde Keith Larson, empolgado, e repete a resposta mais uma vez. — Dezesseis por cento!

Os estudantes vindos de toda a Europa olham para Greta um pouco satisfeitos e surpresos enquanto a palestra continua lá na frente, com telão e slides.

Depois eles vão para o telhado da estação de medição, onde Keith Larson explica que as grandes mudanças começaram a acelerar no final dos anos oitenta. Depois disso foi tudo muito rápido. Muito rápido.

— A neve, o gelo e as geleiras tiveram um efeito retardador aqui no Ártico. Mas, quando começaram a derreter, foi ainda mais rápido.

Keith é americano, mas agora vive o ano todo na estação de pesquisa operante mais antiga do mundo. Ela foi criada na mesma época da construção da ferrovia de minérios. Aqui, está em andamento um projeto de pesquisa único que repete exatamente a mesma pesquisa que foi realizada há cem anos. A vegetação está sendo medida ao longo da montanha Nuolja, exatamente no mesmo lugar agora e no passado.

E, mesmo que ainda falte muito para que os resultados da pesquisa estejam prontos, já se podem ver grandes diferenças. Algumas a olho nu.

— O que acontece aqui segue a mesma tendência de todo o mundo. A temperatura aumenta e a diferença é maior perto dos polos. A fronteira das árvores muda para níveis mais altos das encostas das montanhas, a zona de arbustos também e o ambiente alpino encolhe. Quando a temperatura aumenta, as árvores e os arbustos podem crescer em lugares mais altos, onde antes fazia muito frio para eles.

Outro trem de minério de quilômetros de comprimento passa pela paisagem entre a estação de pesquisa e os picos das montanhas.

— Aqui em Abisko, os resultados da mudança climática são visíveis de uma forma diferente da maioria dos outros lugares. Aqui tudo é nítido, mesmo para quem não tem experiência em estudar esse tipo de mudança. Basta olhar para a zona de arbustos, que hoje é quatro vezes maior do que era há cem anos.

Keith Larson explica que talvez o maior problema seja o fato de a zona alpina estar encolhendo. Isso significa que as espécies que vivem lá são acuadas por outros animais, insetos e plantas que acompanham o avanço das árvores ao longo da encosta da montanha. Elas têm que se mudar até que não haja lugar para ficar. O equilíbrio fica ameaçado. As condições mudam.

— Se olharmos para a linha de árvores em Nuolja, veremos que ela subiu a encosta. Assim como em inúmeros outros lugares ao redor do mundo. Agora foi construído um teleférico de esqui lá, e isso fez com que as renas parassem de pastar naquela área em particular, mas os resultados são semelhantes em outros lugares, inclusive onde as renas pastam — explica ele, apontando para a o topo da montanha.

Está muito calor no telhado preto e eles decidem descer e se sentar à sombra para continuar conversando. Mas, antes de descerem e abandonarem a vista para as montanhas, Keith Larson aponta a mudança provavelmente mais marcante.

— Cinquenta anos atrás, a linha de árvores estava no mesmo lugar em que estava quando Friis realizou suas pesquisas cem anos atrás. Mas agora ela está se movendo. Cada vez mais rápido. Hoje, ela está 230 metros mais alta.

— Duzentos e trinta metros? — pergunta Svante.

— Sim, 230 metros — responde Keith. — Esta é a linha de frente para o Ártico. Aqui, as mudanças, como disse, vão muito rápido. Me surpreende que outros pesquisadores não venham aqui para a Suécia e Abisko. Aqui tem um ambiente único, acontece muita coisa.

Na manhã seguinte, quatro estudantes universitários alemães saem para coletar seus dados pela mesma rota que Friis usou para seu estudo entre os anos de 1916 e 1919. Greta, Svante e Roxy acompanham. Yrsa também vai; ela é filha do nosso editor de livros e trabalha como informante para Keith e sua equipe durante esse verão.

— É extraordinário que esses estudos detalhados estejam preservados até hoje e possam ser usados em nossa pesquisa cem anos depois. É como uma máquina do tempo — explicam os estudantes.

Eles começam quase no topo e vão montando tripés ao longo do caminho e registrando com seus iPads.

Greta e Svante vão atrás, a uma pequena distância. A vista é de tirar o fôlego e você vê um horizonte infinito. Torneträsk. Montanhas. E a ferrovia de minério, é claro, ela nunca descansa. Lá embaixo, eles veem os trens que rastejam a caminho de Narvik e da Noruega. Para o porto, os navios, o mar e todas as indústrias que estão à espera dos minérios em todo o mundo.

No topo da montanha, é inverno tardio. Mais abaixo, a primavera vem com flores e riachos ondulantes. Na zona de arbustos já chegou o verão e é hora de almoçar. As moscas zumbem e cheiram as flores e o musgo. Não está ventando e todo mundo tira os casacos de frio e as camisas de lã.

— Imagino que seja assim todos os dias — brinca Svante.

— Não exatamente — riem em retorno.

Greta vai se sentar um pouco afastada dos outros. Pega seu pote de vidro de macarrão de feijão, seu garfo, e respira fundo, mas quase imperceptivelmente. E começa a comer.

É a primeira vez que ela come perto de pessoas estranhas em quase quatro anos.

Ela se transporta para o tempo antes das compulsões e dos transtornos alimentares.

Ou melhor.

Para o tempo depois.

CENA 89
NOITES TROPICAIS

— Faz mais de 30 anos que moro aqui — diz a mulher da recepção, trazendo mais mingau de aveia para o café da manhã —, e eu nunca vi nada parecido com isso. Fazer vinte graus positivos a noite toda. Isso deve ser excepcional.

— Quando a temperatura está acima de vinte graus, acho que se chama noite tropical — responde Svante. — Imagino que isso não acontece todo dia ao norte do Círculo Polar Ártico. — Ele ri alegremente para evitar o mesmo erro que cometeu no hotel anterior.

Mas aqui o calor não é recebido com o mesmo entusiasmo que mais embaixo, em Luleå. Em vez disso, repousa uma preocupação cautelosa com o calor extremo do verão e os funcionários não sabem como responder às perguntas dos hóspedes como "onde fazer trilha na sombra?", "quantos graus deve fazer hoje acima da linha de árvores?" e "dá para ir até Lapporten neste calor?".

Svante enche o prato com o mingau de aveia do hotel e evita pedir leite de aveia, porque a possibilidade de ter não parece alta o suficiente para ele se expor ao risco de ser classificado como alguém que acredita ser um pouco mais refinado e mais complicado que todos os outros.

Em outras palavras, um holmiense.

Como se isso já não estivesse claro pela extensão que saía do aquecedor de infravermelho para o carro elétrico espremido entre o estacionamento e o pequeno terraço de madeira do restaurante. Greta come no quarto minúsculo, junto com Roxy. Pão de centeio e pão especial de lingonberry, como sempre. Sem manteiga, sem nada.

Está quente no terraço. A manteiga derrete no pão, como se estivesse na Itália ou em Barcelona. Svante enche a quarta caneca de café enquanto os últimos convidados saem e os funcionários do hotel se sentam na mesa ao lado e fazem a pausa da manhã ao sol.

O tópico da conversa é sobre o calor, claro. E um pouco de fofoca sobre os moradores da aldeia. São quatro mulheres e uma delas é do sul. De Hälsingland. E é justo que as outras achem engraçado que ela pareça ter mais problema pra lidar com o calor. Ela deveria estar acostumada com isso e etc. É ela também quem dá dicas para os hóspedes sobre como ficar na sombra quando saem para fazer trilha no calor.

— O melhor mesmo é ficar dentro de casa — ela aconselha, sem o menor sinal de ironia.

De vez em quando a conversa é abafada pelo rugido de um helicóptero decolando ou pousando no heliporto do hotel. O ar cheira a querosene, café fermentado e madeira impregnada.

Um tempo depois, chega um homem e se senta junto das mulheres. Eles se conhecem bem. Ele é piloto de helicóptero e, aos poucos, a conversa muda e começam falar dos outros hotéis e cabines da região.

"Fez 25 graus positivos em Kebnekaise ontem" e "vocês ouviram falar que o pico sul não é mais o mais alto de tanto que a geleira já derreteu?".

Não é novidade.

Os negócios vão bem no mundo dos helicópteros, mas ele ainda não está satisfeito. Ele pensa em como pode aumentar a lucratividade para todos, se baixasse os preços consideravelmente, tanto que basicamente mal pudesse custear o combustível e o helicóptero, mas, se todos pudessem colaborar com esse custo, eles teriam muito mais pessoas vindo para as cabines, e mais pessoas em circulação geram renda muito maior para todos.

É uma ideia muito boa, todo mundo concorda.

Svante, claro, tem outra opinião, mas ele a mantém para si mesmo.

Esta é uma parte da Suécia que pagou por quase tudo. Eles escavaram o chão. As construções destruíram os rios e devastaram a floresta. E o dinheiro sempre foi parar nas carteiras mais ao sul. Grandes carteiras, aliás.

Muito grandes.

Greta e Svante arrumam a lancheira e preparam tudo para a trilha de hoje. Eles atravessam o quintal de cascalho do hotel. Roxy corre na frente e busca contato visual a cada dez metros. O café da manhã dos funcionários do hotel acabou e agora três deles estão reunidos em volta do aparelho de ventilação do restaurante com um manual de instruções que vai passando de mão em mão. Eles leem em voz alta um para o outro e apertam com todo o cuidado os botões do painel e do display.

— Deve bombear ar frio também, como ar-condicionado — constata a mulher da recepção.

O termômetro do lado de fora do supermercado mostra 31,7 graus e eles não sabem o que fazer. Estão quase entrando em pânico. Com certeza está mais fresco no topo na montanha, mas lá não tem sombra nenhuma. A neve nos picos desapareceu quase completamente em apenas três dias.

Acreditando que deva estar mais fresco nas proximidades do rio, eles vão para lá. E está mesmo. Tem um pouco de sombra aqui e ali, na floresta boreal. De vez em quando eles param e se refrescam com água do rio. As árvores, o solo, a grama, as plantas e o pântano têm um cheiro único, que eles nunca sentiram antes. Depois de vários dias de calor enorme, surgiu um novo ambiente. Um novo mundo com novos aromas, novas cores e novas condições. Às vezes eles param e se ajoelham e aproximam o nariz do chão e do musgo para sentir o cheiro.

Depois de descer alguns penhascos brancos, eles fazem uma pausa na beira do rio. A água é verde e branca, a correnteza é mais forte no meio e na praia do outro lado. Se Roxy fosse arrastada, ela não teria a menor chance. Seguiria o rio e as cachoeiras por cinco quilômetros até Torneträsk. Por isso eles ficam em uma parte em que a água é mais calma, perto da praia.

A água do rio está fria, mas não muito fria. Eles mergulham e bebem da mesma água da montanha em que nadam. Eles se divertem. Depois se secam nas pedras até ficarem com muito calor. Então pulam na água de novo.

Greta encontra uma pedra preta na margem que tem a forma de um coração. Um coração negro, absolutamente perfeito.

— Como o Cavaleiro Kato — diz ela —, um coração de pedra. A gente podia jogar na água igual no livro *Mio, min Mio* [*Mio, meu Mio*], de Astrid Lindgren.

— Joga — responde Svante.

Mas Greta hesita.

— Mas só de pensar que deve ter levado milhões de anos para esta pedra em particular acabar aqui na praia. E se outra pessoa a encontrar aqui e ficar feliz?

— Nada — rebate Svante. — Nós humanos temos muitas coisas pelas quais sermos felizes e gratos. Não merecemos mais nada.

Greta pega a pedra preta e joga no meio do rio, com toda a força. Roxy se levanta e quase vai atrás, mas para quase que imediatamente e observa os círculos desaparecerem em meio ao barulho da correnteza.

CENA 90

PRECISA ACONTECER ALGO MUITO GRANDE E INESPERADO

A manhã seguinte é muito mais fresca. Garoa um pouco e o tempo nas montanhas está totalmente diferente. Eles caminham na trilha em direção a Trollsjön, e Roxy corre em ziguezague para cima e para baixo nas encostas das montanhas. A paisagem é como uma mistura de *A Noviça Rebelde* com *O Senhor dos Anéis*; com rochas gigantes sobre grama verde entre as paredes rochosas que se estendem como arranha-céus de cada lado do vale. Flores amarelas crescem por toda parte.

A energia de Greta continua aumentando a cada dia que passa. Ela fala sobre a greve escolar e pergunta várias vezes como deve fazer.

— Não importa o que aconteça, você tem que fazer tudo sozinha — responde Svante pela décima vez. — E você precisa estar preparada para responder a todas as perguntas e saber todos os argumentos e respostas. Os jornalistas vão fazer perguntas a respeito de tudo.

— O que eles vão perguntar?

— O mesmo que eu disse antes.

— Mas fala mais. O que eles podem perguntar? Me pergunta, como se você fosse eles.

— Foram seus pais que mandaram você fazer isso? Eles vão perguntar isso o tempo todo.

— Eu vou responder a verdade. Que fui eu quem influenciou vocês e não o contrário.

— Exato.

— É só eles entrarem na minha conta no Twitter e ver tudo o que eu escrevi. E só porque sou tímida e associal não significa que eu vivia no vácuo. Eu fui finalista em concursos de redação. Consegui fazer com que editores de livros didáticos reescrevessem livros. Dá pra ler sobre isso na internet.

— Mas eles não vão pesquisar isso. Infelizmente. São apenas pessoas que estão contra você que procuram informação sobre o que você fez no passado. As outras pessoas não se importam com isso. E, se não se encaixar na história que estão escrevendo, nem mencionam isso. Mas as pessoas vão entender. E sua luta pelo clima não é segredo nenhum. Tem até mesmo uma proposta para um programa de televisão que conta como você fez sua mãe se tornar *combatente ambiental involuntária*. Como essa proposta partiu de um produtor e uma produtora que basicamente podem fazer o que querem, garanto que todos os responsáveis do canal SVT a leram.

Greta reflete sobre o que seu pai disse.

— Mas não fizeram o programa, não é?

— Não, podemos esquecer isso. Já se passou um ano e meio, e o serviço de televisão, financiado pelo Estado, não toca na questão climática, nem mesmo com luvas.

— O que mais eles vão perguntar?

— Tudo o que você imaginar. O importante é você sempre dizer a verdade e destacar os fatos. Você precisa saber todos os fatos e ter certeza de que sempre sabe o que está dizendo. Eles provavelmente sempre vão perguntar "mas então, o que devemos fazer?" ou "o que é mais importante?". Porque nós, adultos, aprendemos que precisamos sempre ter respostas concretas para todas as perguntas, mesmo que não tenhamos. É mais importante como você diz algo do que o que diz. Você tem que pensar nisso.

— Ok — fala Greta lentamente. — Mas não há soluções no sistema atual. Tudo que precisamos fazer é começar a tratar a crise como uma crise.

— Exatamente — concorda Svante. — Mas ninguém vai entender. Então você tem que repetir isso o tempo todo. Toda vez.

Svante, assim como eu, quer mesmo é que Greta deixe a ideia sobre a greve escolar de lado. Seria mais confortável assim. Mas ele vê a energia que ela tem quando fala e pensa sobre isso, e ele sempre tenta responder a todas as perguntas dela. Por mais difíceis que sejam.

Eles saem da trilha e caminham entre as enormes rochas. Escalam até um lugar que é perfeito para um almoço, debaixo de um bloco de rocha que forma um telhado e protege contra as pancadas de chuva que vêm e vão.

Svante envia uma foto para Beata e para mim no celular. Ainda ficamos infinitamente surpresas de ver Greta comer em novos lugares. Ao ar livre, além do mais. É fácil levar macarrão de feijão cozido com um pouco de sal e algumas fatias de pão especial de lingonberry para quase qualquer lugar, e isso abre um mundo de possibilidades.

Como fazer trilha nas montanhas, por exemplo.

As nuvens se separam e o sol aparece novamente. A parede rochosa parece uma cachoeira improvisada gigantesca. Por vários quilômetros, jorra água das paredes do penhasco.

Dá para ver o vale lá embaixo, centenas de metros de profundidade. Um pequeno delta de rio se espalha pela grama exuberante e um rebanho gigante de renas se move como formiguinhas lá embaixo. Talvez sejam milhares de renas.

De repente, algumas renas que estão na borda do rebanho começam a correr e outras vão atrás. Depois de um tempo, elas diminuem a velocidade, param e continuam pastando.

— Fazer greve escolar pelo clima será completamente incompreensível para quem não entende a gravidade da situação — começa Greta. Quase eufórica. — E, como quase ninguém sabe do que está acontecendo, quase ninguém vai entender. Vão me odiar.

Greta ri.

— Talvez as crianças entendam — diz Svante.

— Não. As crianças copiam os pais. Eu não conheço uma única criança que se preocupa com o clima. Todo mundo diz que são as crianças que vão nos salvar, mas eu não acredito.

Svante não fala nada. Espera que Greta esteja errada. Ela então continua:

— Se tivermos dois anos para fazer a curva de emissões regredir, algo tem que começar a acontecer agora, e na próxima primavera algo precisa já ter acontecido. Algo muito grande e muito inesperado.

As renas se movem lentamente ao redor do delta do rio. O ar está mais quente agora.

Eles juntam as coisas e continuam a caminhada até chegarem na frente da última colina até o lago Trollsjön. Dizem que dá para ver o fundo do lago a trinta ou quarenta metros de profundidade, de tão clara que a água é. Eles veem como as paredes rochosas ao redor do lago estão pingando água de chuva e das geleiras derretendo e tudo está em constante movimento. O vento sopra aqui e ali.

É possível ver o lago de um canto da ilha. Mas Greta parece cansada.

— Você aguenta? — pergunta Svante. — Faltam só cem metros, estamos quase lá.

— Não sei — responde Greta. Eles param um pouco. Tiram uma foto com o celular. Esperam.

— Quando eu era criança, sempre me diziam que não se deve desistir. A gente sempre tem que tentar um pouco mais. — Svante prepara um pequeno monólogo. — Meu primeiro emprego de verão foi em uma lavanderia em Bromma. Eu levava tipo uma hora e meia para chegar lá todas as manhãs. Eu lavava os lençóis e cobertores cheios de bosta, que vinham do centros de tratamentos crônicos, que existiam naquela época. Eu quis largar meu emprego imediatamente, mas minha avó me forçou a continuar e sempre achei que foi muito, muito bom eu não ter desistido. Mas agora eu não tenho mais tanta certeza. Às vezes eu acho que nós, humanos, talvez devêssemos desistir um pouco mais. Ou pelo menos dar alguns passos para trás às vezes.

Começa a garoar de leve, de novo, e são quatro quilômetros até a estrada. Faz dez dias que estão longe de casa e logo é hora de voltar para Estocolmo. Amanhã eles irão para Kvikkjokk como uma primeira parte da jornada de volta para casa.

— Sabe de uma coisa, Greta, voltamos daqui. A gente não precisa ver tudo. A gente não precisa ter visitado tudo.

CENA 91

TODOS OS DINOSSAUROS TINHAM TDAH

Estou terrivelmente cansada da nossa história.

Mas agora estamos lá sentados, contando tudo de novo.

Svante fala. Eu estou falando. Conversamos educadamente porque as crianças estão sentadas na sala conosco. Greta examina um cubo e alguns triângulos projetados pedagogicamente que estão na mesa do consultório.

Beata se remexe e revira os olhos.

Ela quer ir para casa dançar. Está tão cansada da psiquiatria infantojuvenil quanto eu.

Quando terminamos e as crianças saem antes de nós, o médico suspira e balança a cabeça.

— Sim, meu Deus! Vocês precisam de ajuda — diz.

Nós três rimos. Todo mundo tem boas intenções.

Todo mundo faz o seu melhor. E muitas vezes um pouco mais.

Assim como a maioria das outras pessoas; pessoas que querem fazer coisas boas a partir de suas perspectivas únicas.

Nossa família vai para casa caminhando pela rua Fleminggatan.

É verão. Os pássaros cantam nas árvores, e algumas nuvens altas de verão se estendem no céu como um arquipélago de cabeça para baixo.

Um avião desenhou um traço no horizonte.

Não preciso mais dele.

Svante prometeu ir com Greta a uma loja de materiais para construção, para comprar uma sobra de tábua que ela possa pintar de branco e fazer uma placa. "Greve escolar pelo clima" deve ser escrito, isso ela decidiu já faz bastante tempo. E, mesmo que Svante e eu saibamos dos enormes riscos a que ela vai se expor — mesmo que preferíssemos que ela abandonasse toda a ideia de faltar na escola —, damos nosso apoio a ela. Só um pouco entusiasmados, vamos confessar. Porque, mesmo que o início das aulas esteja se aproximando, ela não parece mostrar nenhum sinal de abandonar sua ideia. Pelo contrário. E vemos que ela se sente bem quando elabora seus planos — melhor do que ela se sentiu por muitos anos. Melhor que nunca, na verdade.

Em uma das lojas do shopping Västermalmsgallerian, tem um dinossauro enorme de tecido verde. À medida que nos apressamos, nos vemos no reflexo da vitrine. Beata, Greta, Svante, o dinossauro e eu.

Se não tivéssemos tantos diagnósticos, transtorno obsessivo-compulsivo e distúrbios alimentares, se Svante não estivesse com vontade de fazer xixi como ele sempre está, então poderíamos ter parado e tirar uma foto.

Teria sido uma transição perfeita para uma perspectiva geológica maior.

Mas agora as coisas são como são.

— Gostaria de saber se os dinossauros tinham TDAH — diz Svante.

— Tinham — responde Beata. — Eles tinham Asperger, transtorno obsessivo-compulsivo, transtorno desafiador e de oposição e TDAH, como eu. É por isso que eles morreram. Eles tinham muitos pensamentos em suas cabeças e não conseguiam se concentrar, então ficaram muito enlouquecidos com todos os sons perturbando eles.

CENA 92
CRESCIMENTO ILIMITADO
EM UM PLANETA LIMITADO

Os dinossauros viveram aqui na Terra por duzentos milhões de anos, e isso é um curto período se você olhar para a história de 4,6 bilhões de anos da Terra.

Nós, seres humanos, só existimos há duzentos mil anos. Mas já conseguimos criar animais fofinhos em forma de répteis que morreram há mais de sessenta milhões de anos; bichos de pelúcia que nós produzimos em massa na China e enviamos para todo o mundo e vendemos para qualquer um que possa pagar por eles.

Nem todo mundo tem condições.

Mas muitos têm, e a cada dia nos tornamos mais e mais, e isso requer recursos.

Mas os recursos não aumentam cada vez mais.

Existem limites para o que podemos obter de um globo seminovo todos os anos.

Um desses recursos está acabando em uma velocidade furiosa, e o dinossauro na loja de brinquedos carrega parte dessa culpa.

Todos nós carregamos parte da culpa.

Mas não igualmente, claro.

Os dez por cento mais ricos do mundo respondem por metade de todas as emissões de gases do efeito estufa que atualmente consomem um dos nossos recursos naturais mais importantes: uma atmosfera equilibrada e funcional para nós.

Com a taxa de emissão de hoje, esse recurso natural logo vai acabar, e o fato de que tão poucos de nós estejam cientes disso deve ser um dos maiores fracassos do *Homo sapiens* de todos os tempos.

Mas como poderíamos saber?

Nós nos encontramos em uma crise que nunca foi tratada como uma crise.

A metade pobre da população mundial é responsável por apenas dez por cento do total mundial de emissões de dióxido de carbono, e, se vamos destacar modelos exemplares, é provavelmente aí que os encontramos. Bem mais que entre famosos como eu. Ou entre estrelas de Hollywood e ex-políticos estadunidenses com mais horas de voos anuais do que um piloto de combate médio.

O pesquisador de clima Kevin Anderson diz que, se os dez por cento mais ricos do mundo reduzirem suas emissões para a média da União Europeia, as emissões mundiais cairão trinta por cento. Isso — e muitas outras ações rápidas — poderia nos comprar um pouco de tempo.

CENA 93
O GRANDE PALCO

Nós pensamos — honestamente — que ela estaria em casa antes do almoço. Se é que ela tivesse saído de casa.

Mas não.

Na manhã de 20 de agosto de 2018, Greta se levanta uma hora mais cedo que o usual, quando é dia de semana e ela tem aula.

Ela toma seu café da manhã. Embala uma mochila com livros didáticos, lancheira, talheres, garrafa de água, um tapete de sentar e um agasalho extra.

Ela imprimiu cem panfletos com fatos e referências de fontes sobre a crise climática e de sustentabilidade. O texto tinha 5.303 caracteres, incluindo espaços. E na frente havia grandes letras em negrito:

NÓS, CRIANÇAS, GERALMENTE NÃO FAZEMOS
O QUE VOCÊS MANDAM.
NÓS FAZEMOS O QUE VOCÊS FAZEM.
E COMO VOCÊS, ADULTOS,
ESTÃO SE LIXANDO PELO MEU FUTURO.
EU TAMBÉM VOU ME LIXAR.
MEU NOME É GRETA E ESTOU NO 9° ANO.
E ESTOU EM GREVE PELO CLIMA ATÉ O DIA DAS ELEIÇÕES.

Ela tira a bicicleta branca da garagem. Praticamente nova. Nos últimos quatro anos, não teve vontade nem energia para sair por conta própria. Menos ainda para andar de bicicleta só para passear.

Ela se senta no selim, dá uma olhada rápida para trás na calçada e depois sai pedalando pela Kungsholms Strand, passa pela Prefeitura em direção à rua Drottninggatan.

Na ladeira Tegelbacken, tem alguns turistas fumando. No mar, os barcos a vapor lançam suas nuvens de fumaça negra em direção ao céu azul-claro de fim de verão, que paira sobre o trânsito matinal das avenidas Centralbron e Söderleden. Svante segue de bicicleta alguns metros atrás, com a placa debaixo do braço direito.

Na quinta-feira anterior — quatro dias atrás — ela tinha passado e analisado as ruas ao redor da Casa do Parlamento, para decidir onde se sentaria.

— Perto da parede, dentro dos pilares, é bom — decidiu.

Svante assentiu.

Então ela pediu que ele tirasse uma foto dela no corrimão em frente à ponte.

Ela estava com uma camiseta preta, com o desenho de um avião marcado com um "X".

Como em uma placa de trânsito.

Antes de saírem dali, Greta parou por um tempo perto da estátua de uma raposa com um cobertor pedindo esmola.

Olhou para a rua Drottninggatan. Para a ponte. Observou a Casa do Parlamento, do outro lado do Rio de Estocolmo e perguntou:

— Tem certeza que ninguém fez isso antes?

— Não, acho que não —respondeu Svante.

— Mas é tão simples.

Depois ela foi para casa e terminou de pintar a placa branca de masonite. A placa que ela comprou entre os pedaços de lixo na loja de materiais de construção Bygg-Ole, em Mölnvik, por vinte coroas suecas.

O tempo está muito bonito nesta manhã de segunda-feira. O sol está se erguendo por trás da Cidade Velha e há pouco ou moderado risco de chuva. A ciclovia e a calçada estão cheias de pessoas a caminho do trabalho.

Como ciclovias e calçadas sempre são, em uma manhã normal, em dia de semana no final de agosto.

Uma manhã normal de início de ano letivo. Perto do palácio Rosenbad, onde fica o escritório do primeiro-ministro sueco, ela desacelera e desce da bicicleta. Svante tira uma foto para ela com o celular, eles prendem as bicicletas na cerca e penduram o capacete da bicicleta no guidom. Então ela dá um tchau quase invisível com a cabeça para o pai e sai com a placa enorme nos braços e segue a ciclovia à esquerda ao redor do distrito do governo.

— Vai para a escola agora, tá? — grita Svante. Brincando, só que não.

Greta não reage. Apenas continua em frente.

E ali, em algum lugar a caminho da ponte sobre a rua Drottninggatan, ela passa a fronteira invisível que torna impossível retornar e deixar tudo como está.

Ela atravessa a ponte e o arco, depois continua alguns metros até a rua Riksgatan. Em seguida ela para e encosta a placa na parede de granito cinza-avermelhada.

Pega seus panfletos.

Se senta bem acomodada.

Pede a um transeunte para tirar outra foto com o celular e depois publica ambas as fotos nos seus perfis de mídia social antes de desligar o telefone e colocar na pequena mochila Björn Borg roxa que ganhou de Natal da avó há quatro anos.

Svante fica ao lado das bicicletas até Greta desaparecer de vista. Um salmão grande salta da água e paira por um instante no ar, antes dar um tibum e sumir de novo no rio.

Alguns metros, cem, duzentos talvez, sobre a ilhota de Helgeandsholmen circula uma ave de rapina.

Talvez uma águia.

Ou gavião

Ele solta o corrimão da grade e caminha até a rua Fredsgatan, entra a Espresso House, do lado do Ministério da Educação. Compra um grande latte com leite de aveia, se senta perto da janela e tenta trabalhar.

Mas é difícil.

Depois de alguns minutos, vem o primeiro compartilhamento no Twitter. Foi Staffan Lindberg quem retweetou o post de Greta.

Depois, mais dois retweets.

E mais outros.

Pär Holmgren. Stefan Sundström.

Depois vai rápido. Ela tem menos de vinte seguidores no Instagram, e um pouco mais no Twitter.

Mas agora tudo muda.

Agora não tem volta.

Uma equipe de documentaristas aparece.

É o cineasta Peter Modestij, que na semana passada por acaso descobriu acidentalmente o que estava por acontecer quando me ligou para continuar falando sobre um roteiro que está escrevendo. Toda a família leu o roteiro dele neste inverno e ele gostava muito de nossa contribuição, porque leu nos jornais que Greta é muito parecida com a personagem principal de seu próximo longa-metragem.

Agora ele conseguiu que uma empresa de cinema filme dois dias da greve escolar de Greta sem se preocupar com lucros e perdas.

O amigo de Peter, Nathan Grossman, que fez o documentário da SVT sobre suínos junto com Henrik Schyffert, também está lá. Ele cumprimenta Greta e pergunta se pode filmá-la.

Ela não tem nada contra e eles ajudam a colocar um microfone nela.

A câmera rola. A partir de agora, tudo o que é dito e feito é documentado em som e imagem.

Mas Greta está quase completamente indiferente à presença deles. Só quer ficar lá sentada e ver o que acontece.

Então ela fica lá sentada.

Sozinha, encostada na grande parede.

Ninguém para.

Alguém lança um olhar conturbado, mas a maioria das pessoas prefere olhar para o outro lado.

Elas têm coisas mais importantes para fazer.

E isso tudo é bem embaraçoso.

Duas senhoras param e explicam que a escolaridade é obrigatória no país e que ela deve se dedicar aos estudos. Expressam sua preocupação pelo futuro de Greta e por seus estudos.

Um homem de meia-idade chamado Ingmar Rentzhog passa e se apresenta. Ele filma Greta e pergunta se pode postar o filme no Facebook.

Ela assente.

Nesse meio-tempo, o tweet de Greta e a postagem do Instagram começaram a se tornar virais.

Svante liga para mim e diz que o jornal Dagens ETC entrou em contato com ele e disse que eles estão a caminho. Logo depois, o jornal Aftonbladet também vem e Greta fica muito surpresa que tudo corra tão rápido. Surpresa e feliz.

Por isso ela não esperava.

O fotógrafo Anders Hellberg da revista ambiental Effekt chega e começa a fotografar. Ele anda em volta, procurando por diferentes ângulos. Mas fica mais no meio da rua, onde as pessoas passam de um lado para o outro.

Ele fica lá com a câmera na mão e sorri. Hora após hora.

— Isso — diz quando mais pessoas param e começam a falar sobre Greta. Ele aponta com o rosto e a câmera em direção à cena enquanto Greta e todos os transeuntes atuam na frente dele.

— Isso! — Ele repete todo o tempo. E solta a risada mais feliz que se pode imaginar.

Passam muitas pessoas como ele. Pessoas que lutam e lutam há décadas para tornar a crise climática visível.

Ivan e Fanny, do Greenpeace, dão as caras e perguntam a Greta se está tudo bem.

— Podemos ajudar com qualquer coisa? — perguntam eles.

— Você tem autorização da polícia? — pergunta Ivan.

Ela não tem. Ela está fazendo *greve escolar* e não pensou na necessidade de uma permissão para fazer isso.

Mas precisa.

— Posso ajudar — diz ele, e explica um pouco sobre os direitos e possibilidades da democracia.

Mas o Greenpeace está longe de ser o único a oferecer apoio.

Todos se oferecem.

Todo mundo quer fazer o máximo para ajudar.

Mas Greta não precisa de ajuda.

Ela se garante completamente. É entrevistada por um jornal após o outro.

Só o fato de ela estar falando com pessoas estranhas sem se sentir mal é um sucesso incomparável para nós como pais.

Todo o resto é bônus.

Svante recebe um link no telefone para a primeira entrevista e lê no site do Dagens ETC.

E lê novamente.

E ele não entende como isso aconteceu, mas é a melhor entrevista a respeito do clima que já leu.

As respostas são claras e afiadas.

É como se a única coisa que sua filha fizesse na vida fosse ser entrevistada por jornais.

Mas ela não come nada no almoço naquele dia.

Não deu tempo. E era difícil de comer com todos olhando.

Esse é um grande problema, mas ela teve que comer quando chegou em casa à tarde.

Antes de ela finalmente pular na bicicleta, uma jornalista se apresenta. Ele é da redação de notícias da rádio P3 e diz que Greta foi muito compartilhada nas mídias sociais hoje.

— Legal — responde Greta.

— Muito compartilhada mesmo — esclarece a jornalista. — Tudo bem se fizermos algumas perguntas?

O relógio está marcando bem além das três da tarde e o dia escolar já acabou há muito tempo.

— Sinto muito — intervém Svante —, mas acho que ela está bem cansada.

— Tudo bem — interrompe Greta.

E então ela dá mais uma entrevista antes de voltar para casa.

Ela está feliz. Dá para ver em todo o corpo. É como se ela quicasse no selim da bicicleta enquanto pedala de volta para casa.

CENA 94
UM MOVIMENTO

Diz-se que é no instante em que uma pessoa que faz algo por conta própria é acompanhada por outra pessoa que surge um movimento.

Nesse caso, o movimento de greve escolar global foi fundado às 9 da manhã, no segundo dia de greve escolar de Greta.

É pelo menos nesse momento que Mayson do oitavo ano do ensino fundamental e musical da escola Adolf Fredriks pergunta se pode se sentar e fazer companhia a Greta.

Greta assente com a cabeça.

É a partir desse momento, ela nunca mais ficou sozinha.

Mais duas garotas em idade escolar vêm e se sentam nas pedras frias.

Um estudante da Universidade de Estocolmo.

Um homem de trinta e poucos anos que saiu do emprego de professor de francês em Gotemburgo e foi até Estocolmo.

— Vou ser demitido — diz —, mas não importa, porque algo precisa acontecer. Alguém tem que fazer alguma coisa.

E de repente o jornal Dagens Nyheter e a TV4 também estão lá. A professora de Greta adere e é entrevistada no noticiário Nyheterna.

— Como professora, não posso apoiar isso — explica ela —, mas, como ser humano, eu entendo por que ela está fazendo isso.

A entrevista é editada de uma forma que não favorece sua atitude neutra, e nas próximas semanas ela será intimidada e rejeitada em seu local de trabalho e forçada a tirar licença médica.

Os primeiros ódios começam a se firmar e Greta é ridicularizada abertamente nas mídias sociais. Ela é ridicularizada por contas anônimas, por pessoas da extrema-direita. E ela é ridicularizada por parlamentares de partidos em que vários de seus parentes mais próximos votam. Parlamentares de partidos nos quais uma maioria esmagadora dos vizinhos dela vota.

Dá para ver o ódio nos olhos de muitas das pessoas que encontramos na rua, no supermercado.

Os comentários dos políticos, estudados, planejados, zombando dela, são pequenas sementes que são cuidadosamente plantadas no solo fértil das mídias sociais e crescem rapidamente e se tornam troncos fortes de profundo ódio e desprezo. Mas está longe de ser uma surpresa.

No entanto, Greta não contou com o ódio e a zombaria vindos de pessoas próximas à nossa família. Inclusive de familiares próximos.

— Se a pessoa não tem uma visão completa da crise climática, o que estou fazendo vai ser totalmente incompreensível e sei que quase ninguém faz ideia da crise climática — repete ela diversas vezes.

Ela repete muitas coisas diversas vezes.

Como um mantra.

— Minha greve escolar é independente de partidos políticos e todos são bem-vindos — reitera pela milésima vez a um transeunte que pergunta se é algo político o que ela está fazendo

Svante dá uma passada por lá para ver se tudo está bem.

Ele faz isso algumas vezes todos os dias.

Greta está de pé ao lado de uma parede e há cerca de dez pessoas em volta dela. Parece que ela está estressada. O jornalista do DN pergunta se podem filmar uma entrevista e Svante percebe que algo está errado.

— Espera um pouco, vou verificar — responde ele.

Svante puxa Greta para trás de um pilar de um dos arcos. Ela está bastante tensa, com o corpo enrijecido. A respiração dela está pesada e Svante diz que não tem perigo:

— Vamos para casa agora, OK?

Greta sacode a cabeça. Chora.

— Você não precisa fazer nada disso. Você já fez mais do que todo mundo. Vamos ignorar isso tudo e vamos para casa.

Mas Greta não quer ir para casa. Ela fica ali, completamente parada, por alguns segundos. Respira. Então ela anda em um pequeno círculo. É como se estivesse afastando todo aquele pânico e medo que ela carrega consigo desde sempre.

Então ela para com o olhar fixo no ar.

A respiração ainda está ofegante e as lágrimas escorrem pelo rosto.

— Não — diz ela ao mesmo tempo que emite um som estridente. Como um grunhido de um animal. Tudo pesa.

Oscila.

— Não — diz ela novamente.

— Você quer ficar? — pergunta Svante com todo cuidado. — Tem certeza?

Greta enxuga as lágrimas e faz uma careta.

— Eu vou conseguir — responde ela.

E então ela dá a volta. O corpo está completamente calmo e ela sorri para os jornalistas que estão esperando do outro lado do calçadão.

Greta volta para a greve e Svante segue cada movimento dela com os olhos. Ele fica atrás do pilar por mais de meia hora e observa a filha. Pensa que a qualquer momento ela vai fugir dali. A qualquer momento, ela será dominada pelo estresse e pelo medo.

Mas nada disso acontece.

Ela fica lá conversando calmamente com os jornalistas. Um por um.

Svante acredita que ela deve estar se sentindo terrivelmente mal e que deveria se virar e ir embora. Mas Greta não vai embora.

Ela fica no meio do amontoado de gente.

De vez em quando ela deixa seu olhar vagar pela fachada do Parlamento. Ela parece mais calma agora do que durante o primeiro dia, e quem observa com cuidado, com muito cuidado, vê que está sorrindo, um sorriso quase que completamente invisível. Como se ela soubesse algo que os outros não sabem.

Depois que os jornalistas vão embora, ela se senta em seu pequeno assento azul e lê seus livros para não perder as matérias da escola.

Ela lê o livro *A mãe se casa,* de Moa Martinson, que sua classe está lendo nas aulas de história da literatura sueca. Ela lê no livro de ciências sociais como são as eleições parlamentares e como funcionam o governo, o parlamento, os comitês e os ministérios.

Ela lê no livro de biologia sobre genes e hereditariedade.

Ela só usa o telefone quando vai publicar fotos atuais da greve no Twitter e no Instagram, porque ela está em horário escolar e *durante o horário de aula não se mexe no celular.*

Quando dá três horas, ela põe as coisas na mochila e volta para casa.

CENA 95
O TERCEIRO DIA

Nós seguimos Greta o mais meticulosamente possível. Mas, por mais que procuremos e observemos, não conseguimos ver sinais de que ela não esteja se sentindo bem. Melhor impossível, aliás. Ela põe o relógio para despertar às 6h15 e fica feliz quando se levanta da cama. Ela fica feliz quando vai de bicicleta para o Parlamento e está feliz quando chega em casa à tarde.

À tarde, ela fica em dia com as atividades escolares e olha as mídias sociais.

Ela vai para a cama cedo, adormece imediatamente e dorme tranquila a noite toda.

A alimentação, no entanto, não vai bem. Pelo menos não durante a greve.

— Tem muita gente e eu não tenho tempo. Todo mundo quer conversar o tempo todo.

Ela leva macarrão de feijão cozido, mas é difícil conseguir comer.

Ela precisa comer lanches extras quando chega em casa à tarde.

— Você precisa comer — diz Svante. — Não está dando certo se você não consegue comer.

Greta não diz nada.

Comida é um assunto delicado. A coisa mais difícil que existe. Tem sido assim por vários anos e não temos nenhuma solução à vista.

Mas no terceiro dia algo acontece.

Ivan do Greenpeace vem novamente. Tem uma pequena sacola de plástico branca na mão.

— Quer comida, Greta? É macarrão. Tailandês. Totalmente vegano. Você quer?

Ele estende a mão e Greta se inclina para a frente e se estende até a marmita.

Ela tira a tampa e cheira algumas vezes.

Escaneia a comida com o nariz.

E leva uma garfada da comida à boca. E outra. Ninguém reage ao que acontece, claro. Por que eles fariam isso? Por que seria extraordinário que uma criança estivesse sentada no chão, entre muitas outras pessoas, comendo uma comida, um *pad thai* vegano?

Greta continua a comer. Não apenas algumas garfadas, mas quase toda a porção, e a cena que se desenrola ali nas pedras em frente à placa de greve escolar muda tudo. O manual vai para a lata do lixo e o mapa é redesenhado.

Um tempo depois, um homem chega completamente carregado com sacos de comida de uma grande cadeia de hambúrgueres. Ele distribui hambúrgueres, batatas fritas, sorvetes e refrigerantes para todos que aceitam.

— São hambúrgueres vegetarianos e veganos — diz ele com orgulho, e coloca seis ou sete sacolas de papel com o logotipo da empresa em meio às crianças.

— Acho que isso não é uma boa ideia. — Greta tenta explicar para as crianças. Mas ela fala muito baixo, as crianças estão com muita fome e a mensagem não é recebida.

Comem tudo.

Quando Svante passa para verificar se tudo está bem, as crianças já tinham comido e bebido tudo e o homem está de pé conversando alegremente com todos que se reuniram em volta dele. Svante se apresenta, eles saem um pouco de lado e Svante explica:

— Greta declarou explicitamente que não quer nenhum patrocínio, então eu gostaria que você removesse as sacolas e não oferecesse comida às crianças quando elas estiverem fazendo greve.

— Mas, então, o que elas vão comer? — pergunta ele.

— Eles dão um jeito, com certeza — responde Svante. — Mas, como há muitas câmeras aqui, Greta não quer que ninguém venha aqui e apresente seus produtos, porque seria errado. Greta já falou sobre isso antes.

Svante explica as diretrizes que Greta formulou. *Sem patrocínio, sem propaganda e sem logotipos de partidos políticos.* O homem fica um pouco indignado e começa a falar sobre o quanto sua empresa investiu em oferecer opções vegetarianas e que seus hambúrgueres são *neutros em relação ao clima*, porque estão investindo pesadamente no plantio de árvores na África Oriental. Ele diz que trabalha com questões de sustentabilidade há mais de vinte anos.

— Sim, mas você está aqui no seu horário de trabalho e representa uma empresa cuja principal fonte de renda é e sempre foi abater vacas e vender a carne dos animais mortos em uma cadeia de hambúrgueres que cresce desenfreadamente. E isso não tem nada a ver com essas crianças e estão fazendo greve pelo clima.

— Tem sim — refuta ele. — As pessoas precisam comer e todos fazemos parte do mesmo sistema.

Ele aponta para os sapatos de Svante:

— Você usa tênis. Isso também não é sustentável.

— Não, mas você não pode comparar o fato de eu ter um par de tênis com o de ser patrocinado por uma cadeia de restaurantes que fatura milhões vendendo itens de fast-food.

O homem recolhe suas sacolas e copos de papel e vai embora.

Após a cena com os hambúrgueres, Greta proíbe Svante de se aproximar da greve. Ela quer ser ela mesma e não quer que ninguém fale com outras pessoas em seu nome.

Greta abre o capítulo sobre a constituição da Suécia no livro de ciências sociais e se senta ao lado da placa preta e branca da greve escolar.

Alguns soldados recrutas do quartel-general passam por ela. Rapazes e moças em uniformes camuflado — cada um com uma pequena bandeira sueca presa no topo das mangas da jaqueta. Eles veem Greta, mas olham resolutamente para a outra direção. Como para enfatizar que no mundo deles ainda não há dúvida de quem defende quem.

À tarde o homem dos hambúrgueres pergunta a Greta no Instagram se é realmente verdade que ela não quer que ele ofereça comida para as crianças que estão fazendo greve com ela.

— Você é bem-vindo a nos oferecer comida — responde —, mas só se for comida que não venha de nenhuma empresa em que você trabalha.

Ele responde que, então, será difícil ele conseguir ter tempo para fazer isso.

CENA 96
CADA VEZ MAIS FORTE

Eu juro. Qualquer pai e qualquer mãe que tenham um filho ou uma filha que passou vários anos sem conversar com outras pessoas e que não conseguiu comer nada além de algumas poucas coisas em lugares prédeterminados ficarão muito felizes quando essas complicações desaparecerem de repente. Eu juro que, como mãe e como pai, você entende essa mudança como algo muito positivo. Quase como um conto de fadas. Como mágica.

Não importa o que alguns homens e mulheres mais velhos e conservadores escrevam nas mídias sociais ou em suas reportagens.

Tem gente que diz que tem *alguém* que *está por trás de tudo*. Uma agência de relações-púbicas.

Mas é claro que não tem.

Greta não passou o último verão em uma série de reuniões secretas, atrás de cortinas grossas em agências obscuras de relações-públicas e de publicidade, onde ela foi treinada para falsificar sua origem, seus valores e opiniões. Tudo sob a influência de *globalistas, economistas de esquerda e George Soros.* Tipo assim.

Tudo para fortalecer a influência do estado e aumentar nossa carga tributária; tudo pela criação do superestado global ecofascista.

Cada teoria da conspiração é pior que a outra.

Greta não sacrificou quatro ou cinco anos infernais para simular várias dificuldades que arriscaram sua vida para lançar a conspiração mais triste do mundo.

No entanto, existe um número infinito de pessoas que estão do lado dela. Todos que lutaram e se desgastaram por décadas para destacar a questão climática aderem à causa dela. Como sempre fizeram.

Os canais de comunicação em massa estão lá desde o primeiro dia. E, por alguma razão, as coisas parecem funcionar melhor para ela do que para a grande maioria dos outros que levantaram as mesmas questões, exatamente da mesma maneira, antes.

Todo mundo está do lado de Greta.

Assim como Greta do lado deles.

Todos apoiam todos.

— A razão pela qual o movimento está tendo essa atenção toda é que esta é a questão mais importante que a humanidade já enfrentou e que foi totalmente ignorada por mais de trinta anos — explica Greta.

Mas nenhum dos hesitantes ouve algo do que ela realmente diz. Eles são completamente indiferentes à questão da sustentabilidade.

CENA 97
NA LUZ DE UM HOLOFOTE

A energia de Greta não aumenta a cada dia.

Ela explode completamente.

Parece não haver limite e, mesmo que tentemos fazer com que ela retraia, ela simplesmente continua em frente. Por si só.

Depois de um dia inteiro em frente ao Parlamento, permeado por entrevistas, ela insiste em participar de um painel de discussão na Casa da Cultura, Kulturhuset. Ela vai para casa e come, depois volta de bicicleta para a praça Sergels Torg e meio que corre nas escadas rolantes para chegar ao seminário. O local está lotado. Greta coloca um microfone e sobe no palco. Ela é recebida como uma estrela de rock e, como se fosse experiente, se põe sob os holofotes ao lado do meteorologista Pär Holmgren, do professor emérito Staffan Laestadius e dos porta-vozes políticos dos dois maiores partidos políticos da Suécia.

A palavra é passada a Greta e ela fala sem hesitação.

Estamos numa crise aguda e nada é feito para lidar com essa crise.

Staffan Laestadius diz a mesma coisa que Greta.

A mensagem que vem do palco é pesada.

Palavras incondicionais.

A atmosfera é ao mesmo tempo esperançosa e fúnebre.

Uma nova história está sendo contada — embora ambas as palavras e o conteúdo sejam os mesmos de antes.

— O assunto é grave, mesmo — completa Pär Holmgren. — Venho dizendo isso há mais de dez anos e, para ser honesto, não sei mais se conseguiremos resolver essa crise. Mas, como eu sempre digo, nunca é tarde demais para fazer o máximo que podemos.

Um dos políticos reage instintivamente com raiva. Fica muito irritado e provocado pelo que foi dito até agora.

— Precisamos nos concentrar em incutir esperança nas pessoas — fala ele e se posiciona firmemente contra o que ouviu aqui hoje à noite.

A reação do outro político, uma mulher, é completamente diferente. Ela começa a chorar. Tampa o rosto com a duas mãos em concha e soluça sem parar. Não encontra palavras.

Tudo muito inesperado.

Ela pega um pequeno pedaço de papel e por um curto tempo fica completamente sem ação. Na plateia, Svante chega a pensar que finalmente veio uma reação genuína e completamente humana.

O padrão é alterado e, de alguma forma, ainda há esperança.

Svante quer que ela permaneça naquele instante.

Quer ver o que acontece se ela ceder e talvez se atrever a olhar para o abismo sem desviar os olhos.

Quer ver o que acontece se ela se der esse tempo.

Se todos nos atrevermos a reconhecer nossos próprios fracassos.

Deixar tudo parar.

Mas ela se recompõe, é claro. Ela larga o lenço e começa a falar sobre nossos desafios coletivos, sobre oportunidades, empregos e crescimento verde.

Crescimento verde e eterno.

A caminho das escadas rolantes, Greta vira para Pär Holmgren e diz:

— Meu Deus, é pior do que eu pensava. Eles realmente não têm ideia. Os políticos realmente não sabem de nada.

— Não — responde Pär, e pensando por alguns segundos —, acho que eles estão bastante acostumados a socializar com lobistas e representantes de empresas. Pessoas que sempre têm respostas para todas as perguntas. Sempre dizem que tudo pode ser resolvido.

— É como se os políticos sempre tivessem que responder às perguntas e nunca pudessem dizer que não sabem. Mesmo que eles não tenham a menor ideia do que estão falando.

— Deve ser isso mesmo. — Pär ri em seu jeito reservado.

— Mas isso não faz sentido — constata Greta.

E não faz mesmo.

Svante e Greta, caminhando e empurrando as bicicletas, passam pela loja Åhléns e pelo viaduto de Klarastrand.

— Todos parecem ser obcecados com esperança. Como crianças mimadas. Mas o que faremos se não houver esperança? — pergunta Greta. — Precisamos mentir? Mais cedo ou mais tarde essa esperança sem ação vai acabar e o que vamos fazer? O que vamos fazer quando essa esperança de que todos falam não existir mais? E quando mais alguns anos se passarem e ainda não tivermos começado a transição gigantesca que precisa ser feita e a esperança sem a qual obviamente não conseguimos viver, de repente desaparecer? Vamos simplesmente desistir? Vamos deitar e morrer?

Alguns carros passam. Um ônibus de linha vazio passa na direção da praça Bolindersplan e da rua Kungsholmsgatan.

— E a *esperança* de quem devemos chamar de *esperança*? — continua ela. — O que eles chamam de esperança está longe de ser o que eu acho esperançoso. Esperança para mim seria os políticos convocarem reuniões de crise e que houvesse manchetes, como as de guerra, sobre a crise climática em todo o mundo.

Eles empurram as bicicletas escada abaixo até a Kungsholms Strand e depois sobem nas bicicletas e pedalam de volta para casa. Greta vai direto para o sofá com Moses e Roxy e assiste a clipes de animais no celular.

Alguns cachorros dançam no YouTube a um ritmo monótono de housebeat. Greta chora de tanto rir.

CENA 98
JAY-Z

— Dançar é como respirar — diz Beata. E ela dança o tempo todo. Às vezes mais de dez horas por dia.

Quando não está dançando, está cantando. Ou brincando de teatro.

Ela tem uma vontade e uma energia que são enormes quando pode fazer o que ela é boa em fazer.

Em um trabalho de grupo na escola, antes da eleição parlamentar, eles vão gravar um filme com o celular. Ela nos mostra um clipe em que ela canta rap e fala diretamente para a câmera. É um comercial imaginário para um partido político imaginário, mas o resultado é surpreendente. Seu talento natural para atuar é como respirar ar fresco.

Tudo se encaixa.

Na escola, as coisas vão mal. A cada semestre mudam os professores. Novos substitutos a cada mês. Novas salas de aula.

E toda semana há um novo horário para baixar no site da cidade de Estocolmo. É um procedimento que, para uma pessoa com computador ou equipada com o aplicativo de autenticação no celular, leva de cinco a dez minutos para completar. Para mim, não funciona jeito nenhum.

Nem para Beata.

É como se a escola estivesse conscientemente criando uma pista de obstáculos para desfavorecer deliberadamente qualquer um que goste de rotinas fixas.

Todos que não amam mudanças constantes.

Não há limites da quantidade de impressões que as crianças podem absorver.

Tudo e todos devem estar sempre em um movimento que nunca cessa.

Toda semana, novas coisas são planejadas, cada uma exigindo pequenas expedições pela cidade.

Excursões.

Visitas.

Variações.

Constantes preparações para futuras viagens e intercâmbios e *é fantástico que as crianças tenham a oportunidade de experimentar novos lugares e talvez conhecer outras crianças de outros países.*

Como se essas oportunidades não estivessem disponíveis em praticamente qualquer bairro europeu.

Mas é claro que precisa ser o tipo certo de encontro. O tipo certo de lugar. O tipo certo de pai ou mãe. E o tipo certo de crianças.

Mas o pior não é que isso aconteça.

Nem que as escolas estejam cientes do problema de muitos alunos serem prejudicados pelo papel proeminente da competência social na criação de um padrão flexível e extrovertido que caracteriza a imagem do aluno bem-sucedido.

O pior é que muitos dos alunos sabem que isso acontece de modo completamente deliberado.

Especialmente os alunos que mais sofrem.

Eles sabem.

Eles entendem a traição.

Eles entendem que seus fracassos são orquestrados em favor dos triunfos diários dos vencedores extrovertidos.

Beata se senta com Greta um dia na frente do Parlamento.

Mas isso é coisa de Greta.

Não dela.

E não é fácil para ela lidar com toda a agitação súbita em torno da irmã mais velha.

Beata vê que Greta de repente tem dez mil seguidores no Instagram e isso é absolutamente uma loucura, todos nós achamos isso tudo muito maluco.

Mas Beata lida bem com isso.

Muito bem.

Mesmo quando a timeline dela só é preenchida com comentários sobre Greta e "manda um oi pra ela" para la e para cá e isso e aquilo. Todos só se importam com Greta, Greta e Greta.

— É demais da conta — desabafa Beata, uma tarde depois da escola. — É como Beyoncé e Jay-Z. Greta é Beyoncé. E eu sou Jay-Z.

CENA 99
CRIME CONTRA A HUMANIDADE

A humanidade está a caminho de um fracasso. Toda semana, chegam novos números e relatórios confirmando em uníssono que estamos indo na direção errada.

Além disso, na maior velocidade possível.

E, a cada semana, a mensagem das pesquisas fica cada vez mais clara.

Tudo se torna mais e mais preto e branco.

Nós nos perguntamos quem é o mais culpado.

São as empresas de petróleo e energia? Empresas de vestuário, cadeias de fast-food? As empresas de silvicultura ou a criação industrial de animais? Todas as empresas que, dentro da lei e tudo mais, fazem de tudo para vender o máximo possível? Para que eles possam maximizar retornos e lucros para seus acionistas?

São os políticos — que fazem de tudo para serem reeleitos nas próximas eleições?

São os jornais — que têm que lucrar para sobreviver? Que precisam escrever algo que todos querem ler?

Somos nós, as pessoas comuns — que consomem um pouco mais a cada dia para fazer com que suas vidas cada vez mais irracionais funcionem?

Sou eu — que tive a oportunidade de me familiarizar com a situação, mas escolhi confiar nos políticos, nas empresas e nos meios de comunicação?

São os pesquisadores — que geralmente carecem de conhecimento para comunicar seus fatos? E cujo conhecimento da ciência comportamental foi projetado para informar sobre uma crise que nos atingirá em vinte ou trinta anos — mas que de repente está acontecendo aqui e agora. Muito mais cedo do que todos contavam. Muito mais cedo do que grande parte de sua pesquisa anterior sugeriu?

É a radiodifusão pública — que é completamente independente financeiramente e tem como função investigar todas as partes da nossa sociedade e as consequências de nossas ações para as gerações futuras; mas cujos funcionários estão afogados no ódio de opositores ideológicos a uma mídia economicamente independente? Ela que foi forçada a partir em busca de cliques e visualização?

CENA 100
O PREÇO DE SER OUVIDO É O ÓDIO

Embora Greta afirme repetidamente que a crise climática só pode ser resolvida por meio da democracia, ela é constantemente acusada de defender uma *ditadura climática*.

Embora ela repetidamente diga que não há soluções dentro dos sistemas políticos e econômicos vigentes, ela é acusada de não ter nenhuma resposta.

Essa é uma estratégia consciente, é claro.

Porque não se trata de ouvir e encontrar soluções possíveis. Nunca se tratou disso.

Quem vai querer encontrar solução para uma crise que não existe a seus olhos? Que não pode existir. Porque, se existisse, isso significaria que tudo teria que mudar.

Se a crise climática fosse a crise existencial que a comunidade de pesquisa unanimemente diz ser, a atual ordem mundial não seria responsável por uma falha de proporções cósmicas? E não seria uma ameaça muito maior do que a humanidade já enfrentou?

Não, essa ideia é impensável para quem não quer ver nenhuma mudança generalizada.

É melhor falar sobre lei e organização.

Ou segurança.

Criminalidade, refugiados, empregos e dinheiro.

Sempre dinheiro.

Porque não é possível que tudo esteja dando errado quando tudo está ficando muito melhor, maior, mais forte, mais rápido?

Pelo menos não tão errado assim.

Sim, tudo menos as crianças.

Porque, de acordo com a lógica dos críticos, uma criança de 15 anos não é capaz de pensar por si mesma, embora esteja equipada com capacidade de dados ilimitada e constantemente conectada a todas as fontes digitais de conhecimento do mundo.

As crianças não seguem o desenvolvimento do restante da sociedade em expansão. Aqui, em vez disso, o desenvolvimento vai na direção oposta. Isso de acordo com os críticos da greve escolar.

Elas que antes podiam ser mães, trabalhadores, soldados e indivíduos independentes, agora, as crianças de 15 anos não são capazes de lidar com mais nada.

E não há exceções — desde que não pensem como alguns adultos querem que pensem naturalmente. É óbvio que as crianças devem ir à escola e aprender a se comportar propriamente.

Se elas querem, necessariamente, salvar o mundo, primeiro e acima de tudo precisam obter um diploma apropriado para que tudo seja correto e adequado. E depois, podem estudar ainda mais para serem engenheiros e pesquisadores para que, dentro de dez a quinze anos, possam se dedicar à vida profissional e fazer a diferença de verdade.

Mas que então já possa ser um pouco tarde demais, não é nada que os críticos queiram assimilar.

Porque esse tipo de crise climática — que requer ação e mudança —, como mencionado, não existe. E aqui em algum lugar é que provavelmente está a natureza verdadeiramente engenhosa da greve escolar.

Ela é exatamente tão simples e provocativa quanto precisa ser.

O relógio não para. O tempo voa, e o que pode chamar mais atenção para isso, de forma mais clara do que a educação de nossos próprios filhos?

Para que eles precisam estudar?

E por quê?

De repente, o tempo que nos resta para agirmos e mudarmos a sociedade em geral é mais curto do que o tempo que leva em média para uma criança concluir o ensino fundamental e o médio.

E quando nenhuma mudança abrangente está visível no horizonte...

O que as crianças devem fazer?

O que fazer quando as condições mais básicas de sobrevivência são tiradas das suas mãos?

Além do mais, elas nem podem votar.

Menos ainda influenciar os negócios, a pesquisa, a mídia ou as decisões políticas.

Os mais afetados são os que não têm oportunidade de influenciar.

De repente, é nossa conveniência contra o futuro deles.

Todas essas coisas que *temos que* fazer.

Nossos interesses contra suas condições de sobrevivência.

Nosso desenvolvimento à custa do mundo deles.

Nossos hobbies contra seus direitos humanos fundamentais.

E é infinitamente trágico que nós, há muito tempo, fizemos exatamente a mesma coisa contra as pessoas nas partes mais pobres do mundo.

Mas esse argumento obviamente não pega.

Porque não nos importamos.

Estamos cagando e andando para eles.

Mas, quando se trata de nossos filhos e netos, a maioria de nós não consegue ignorar tão facilmente.

A greve escolar parece estar funcionando.

As contradições entre a nossa abundância e a herança que vamos deixar para as futuras gerações criam exatamente os atritos e as resistências que são necessários para gerar constantemente novos debates e novos sentimentos fortes.

Novos ângulos.

É completamente não intencional, claro.

Não é possível planejar isso.

Isso simplesmente acontece.

Uma tentativa em um milhão.

Ou talvez em um bilhão.

As crianças em greve dizem que a solução para a crise é tratar a crise como uma crise. Essa ideia não é exatamente nova.

Mas, como eu havia mencionado, não se trata apenas disso. A questão nunca foi apresentar formas alternativas de pensamento, mudanças no sistema ou novas soluções.

A questão é apenas sobre o desejo da grande maioria de continuar como sempre foi.

Nosso medo humano de mudança.

O fato de essa força motriz coincidir com a preservação do atual equilíbrio de poder em benefício daqueles que são mais privilegiados é muito prático para aqueles que, por acaso, pertencem a esse grupo pequeno e exclusivo de pessoas.

E o fato de eles, acima de tudo, ainda conseguirem envolver tantos homens raivosos, amargos, brancos, mal pagos e explorados para lutar ao seu lado é e vai continuar sendo um fenômeno fascinante.

Um tipo de momento Tostines da humanidade que talvez não seja tão misterioso quanto se poderia pensar.

Porque, se a ordem mundial prevalecente faz de você um vencedor, então obviamente você quer ir muito longe para defendê-la. E o que poderia ser melhor que conseguir fazer com que os *perdedores* na mesma ordem mundial vigente lutem pela mesma coisa?

Afinal, perder é sempre relativo e todos nós somos mais ou menos *perdedores*, dependendo de como você vê as coisas.

A base de recrutamento é quase infinita e o segredo é ridiculamente simples. É só conseguir fazer o maior número possível de pessoas defender sua pequena parte do universo.

Seu trabalho. Sua casa. Sua viagem de férias. Seu interesse em carros. Seu dinheiro.

É questão de assustar o maior número possível de pessoas com a ameaça de mudança e degradação. E fazer isso de forma que essas pessoas fiquem basicamente dispostas a fazer qualquer coisa para defender sua própria parte microscópica do mundo; defender todas as cadeias alimentares atuais contra tudo e todos que se apresentem como uma ameaça à estabilidade.

Imigrantes, refugiados, liberais, socialistas, feministas e ativistas.

O método é tão simples quanto o efeito.

Tão brilhante quanto completamente idiota.

Greta provoca. Em alguns casos ela o faz de tal forma que muita gente, geralmente pessoas respeitadas, perde o controle. Não diz apenas que tudo tem que mudar. Ela tem autismo, ainda por cima. E, além do mais, tem a pachorra de se gabar disso.

Isso não se encaixa com a forma como as coisas devem ser.

Isso é completamente incompatível com algumas ideologias humanas — mais ou menos inconscientes — de desprezo pela fraqueza.

Isso é incompatível com o manifesto não escrito da sociedade da concorrência, em que o mais forte sempre vencerá.

Afinal, é o mais forte que é ouvido.

É o mais forte quem decide a agenda.

Essas são as leis do mercado.

Mas, nos ladrilhos na frente do Parlamento, são outras regras que valem.

A garota invisível que nunca diz nada é de repente aquela que é mais ouvida e mais vista. E isso, é claro, é muito perturbador para que todos consigam deixar passar.

O ódio fica mais forte a cada minuto.

Histórias, mentiras e ataques pessoais.

Mas a arma principal é, obviamente, *a omissão consciente de fatos.*

O histórico e a história de Greta estão disponíveis publicamente online e, com uma simples googlada, é possível ler todos os fatos relevantes e estabelecidos. Mas o que importa quando a mentira é muito mais divertida de se ler? Quando a omissão consciente dos fatos gera mais leitores?

CENA 101
PRIMEIRA ENTRADA

Os dias passam e, de repente, Greta esteve sentada ali há duas semanas.

Toda manhã ela vai de bicicleta até o Parlamento e estaciona sua bicicleta no corrimão de ferro em frente ao palácio Rosenbad.

Toda manhã ela se encontra conosco, os outros.

Nós que estamos cheios de outras coisas para fazer.

Nós que nos sentamos em nossos carros e ouvimos nossos programas de rádio.

Nós que estamos mexendo em nossos celulares no metrô.

Nós que estamos sentados no ônibus e sonhando com outros lugares.

Nós que conversamos sobre a comida que comemos e o futebol que assistimos.

Nós que limpamos nossas casas e nossos apartamentos.

Nós que lavamos nossas janelas, arrumamos nossos travesseiros e classificamos nossas estantes de livros.

Nós que assumimos que tudo é como deveria ser.

The Guardian chega e publica a primeira grande entrevista estrangeira. Alguns meios de comunicação noruegueses e dinamarqueses já estiveram lá e escreveram sobre a greve, mas agora é um nível diferente.

Greta conta sua história para todos que perguntam. Ela responde a todas as perguntas, e se tiver tempo livre, o dedica a seus livros.

Todos acreditam, é claro, que a imensa jornada pública de Greta começou nos ladrilhos do lado de fora do Parlamento da Suécia, no dia 20 de agosto de 2018.

Mas não foi.

Começou muito antes disso.

Leio uma postagem no Facebook. Recebeu mais de onze mil "curtidas" e Greta é elogiada em centenas de comentários. Ela dá esperança às pessoas e todos parecem absorver suas palavras e pensamentos. A postagem não é nova. E não tem nada a ver com a greve escolar.

Foi escrita na manhã de 9 de novembro de 2016 e nunca foi editada.

Naquela manhã, Estocolmo estava encharcada em mais de meio metro de neve fresca e, algumas horas antes, Svante se arrastou do sofá para se abrigar no chão porque parecia que tinha "um vento frio cortando o apartamento" quando o barômetro das eleições subitamente se desviou da vantagem de Hillary Clinton para uma vantagem de Donald Trump.

Antes daquela noite clarear, os Estados Unidos tinham um novo presidente. O nome desse presidente era Donald Trump.

Eu escrevi:

Muita gente sente um grande medo nesse início de manhã. Eu sou uma delas. Mas não devemos ceder ao medo. Nós temos que ficar juntos. Direita e esquerda. Para além das coalizões. Nós devemos começar um contramovimento aqui e agora. Devemos nos organizar contra as trevas e o ódio que surgiram nos abismos sociais cada vez maiores no mundo. Mas nunca devemos encarar o ódio, o racismo e o bullying com o mesmo ódio e bullying. Nunca, jamais, podemos nos rebaixar ao ódio. Precisamos começar a reduzir os abismos que nos separam uns dos outros. Precisamos nos unir para o humanismo e para a equidade de todas as pessoas. Quando eles se rebaixam, nós ascendemos.

Agora não é hora de lamentar ou de ter medo.

Agora é a hora de nos organizarmos.

PS. Minha filha mais velha é muito engajada por questões ambientais. Ela é muito mais instruída e experiente do que eu nesse assunto. Ela sempre diz assim: "Quando a situação climática é tão aguda como é agora, provavelmente a única salvação vai ser Donald Trump vencer as eleições — porque só assim as pessoas podem entender o quanto a situação está ruim. Quando um cético do clima e um louco como Trump ganhar e se tornar o homem mais poderoso do mundo, talvez as pessoas finalmente acordem e fiquem abaladas o suficiente para iniciar o gigantesco contramovimento que é necessário para fazer uma mudança real a tempo." Suas palavras soam tão esperançosas e valiosas hoje. Em breve vou me levantar e acordá-la. Com toda a esperança que tenho. É hora de começarmos a lutar. Por ela e por todas as nossas crianças.

Naquela manhã, Greta acordou com um sorriso. Esfregou os olhos e olhou para o cartaz acima da cama com a tabela periódica. Mas, antes de recitar os elementos como sempre faz logo depois de acordar, ela disse:

— É terrível, claro. Mas esse é o único jeito. Com Clinton ou Obama, tudo teria continuado como antes. Trump é o despertador.

Eu penso em compartilhar o post novamente agora durante a greve escolar, mas me contenho.

Cada coisa tem seu tempo, penso.

Deixe que eles destilem seu ódio dos infernos agora para que todos possam ver que tipo de pessoas eles são.

Nós da família já sabemos há muito tempo.

Recebemos ameaças de morte nas mídias sociais, fezes no escaninho e o Serviço Social mandou uma carta informando que recebeu um grande número de denúncias contra nós como pais de Greta. Mas eles também informam na carta *que NÃO pretendem tomar nenhuma providência*. Nós pensamos que as letras maiúsculas são uma pequena declaração de amor de um funcionário anônimo da Prefeitura de Kungsholmen. E isso aquece o coração.

Mas não posso ficar completamente alheia ao ódio. Não consigo deixar de lado. Porque, em algum lugar aqui dentro de mim, começo a perceber que eles vão tirar minha filha de mim. Talvez ela não possa mais viver aqui.

O preço de ser ouvido é o ódio.

O preço de ser visto é o ódio.

O preço de tudo é ódio demais.

O ódio não conhece fronteiras.

E quem odeia nunca vai parar de odiar.

CENA 102

VOLTAR ATRÁS

Mais e mais pessoas fazem companhia a Greta na frente do Parlamento. Crianças, adultos, professores, aposentados.

O fotógrafo Anders Hellberg vai para lá todos os dias. Ele fotografa e publica as fotos para que todos possam usar. Não quer nem um centavo.

— Quem quiser pode usar as fotos. É minha maneira de tentar ajudar.

Um dia, para um ônibus escolar inteiro com alunos do primário que querem conversar e Greta precisa se afastar dali por um tempo.

Tem um pouco de pânico.

Ela sai um pouco para o lado e começa a chorar.

Não consegue se segurar.

Mas depois de um tempo se acalma e volta e cumprimenta as crianças.

Depois, ela explica que tem dificuldade em socializar com as crianças porque teve experiências ruins.

— Nunca encontrei grupos de crianças que não fossem malvadas. E, onde quer que eu tenha ido, fui maltratada porque sou diferente.

É custoso ficar sentada em frente ao Parlamento sete horas por dia durante três semanas.

É muita gente que vem e quer conversar.

Na maioria das vezes são pessoas legais que querem dar seu apoio e confirmar que escutam o que ela diz. Várias vezes por dia, as pessoas vêm até ela e dizem que decidiram parar de andar de avião, deixar o carro em casa ou tornar-se veganas graças a ela.

Ser capaz de influenciar tantas pessoas em tão pouco tempo é muito positivo, de diversas formas possíveis.

Mas é claro que também tem uma grande parte que é crítica.

Muitos querem discutir.

— O que é mais difícil? — pergunto.

É domingo, estamos de folga e nos sentamos espalhados pelo chão da sala de estar.

— Várias coisas — responde Greta —, por exemplo aqueles que dizem que *somos gente demais no mundo*. Em parte, porque, se somos *gente demais*, temos que nos livrar de um pouco de gente, só pode ser. E, se for assim, temos que assumir que somos nós, as crianças, ou pessoas em países em desenvolvimento que são o problema, porque muitas vezes as pessoas dizem que não devemos ter mais filhos ou que *já tem muita gente na Índia, na África e na China*. Mas o fato é que a grande maioria das pessoas na Terra não vive para além de seus recursos. São pessoas como nós na Suécia que vivemos assim. Somos nós que vivemos como se tivéssemos quatro planetas disponíveis que achamos que *somos gente demais*. E se todos vivessem como nós, a meta de redução de dois graus teria ido por água abaixo há muito, muito tempo. Não existiria futuro algum.

Greta está sentada no tapete e Moises está deitado na frente dela. Ele dorme espalhado no tapete com estampas vermelhas que compramos em um leilão online há quase dez anos. Não importa a quantidade de sujeira e pelo de cachorro acumulada nele, sempre parece estar limpo e novo.

— E depois tem aqueles que sempre falam sobre energia nuclear — continua ela. — Não falam sobre outra coisa que não seja energia nuclear. É como se não houvesse crise climática ou ecológica. Só querem falar sobre energia nuclear. Não sabem dos fatos. Eles nunca ouviram falar das coisas mais fundamentais. Só dizem: então, o que você acha da energia nuclear? E sorriem como se tivessem resolvido todos os problemas futuros do mundo por conta própria. Mas o que é assustador é que os políticos fazem a mesma coisa. Porque eles sabem que a energia nuclear não é mais uma solução viável. E ainda assim repetem a mesma coisa.

— O que dizem os pesquisadores? — pergunto.

— O IPCC diz que a energia nuclear pode ser uma pequena parte de uma grande solução global — responde Svante —, mas eles também dizem que a questão da energia pode ser resolvida só com energia renovável. Não é tarefa da pesquisa tomar uma posição. Neste caso, os pesquisadores apenas falam sobre o que é fisicamente possível. A pesquisa sobre o clima muitas vezes não leva política e condições práticas em conta. Na prática, leva de dez a quinze anos para construir uma usina nuclear nova hoje — e precisamos de milhares de unidades prontas para ontem —, mas isso não é nada sobre o que os pesquisadores necessariamente tenham que refletir.

Roxy se esparrama no tapete, perto de Greta e Moses. Lambe as patas e se deita como uma imagem espelhada de Moses.

E adormece em dois segundos.

— Ok, precisamos de muita energia não fóssil. E nós precisamos disso agora — constata Greta. — Então temos que investir na melhor opção, que também seja a mais barata e a mais rápida. Mas por que investir em algo que leva mais de dez anos para ser construído quando há vento e sol e projetos que podem ser concluídos em poucos meses? Por que investir em um projeto que é tão caro que nenhuma empresa quer investir nele, quando o vento e o sol são muito mais baratos e o preço diminui a cada minuto que passa? Por que investir em algo extremamente arriscado quando se pode investir em algo completamente livre de riscos? Nós nem sequer resolvemos o problema da disposição final do lixo nuclear que já existe. E, se for para substituir toda a energia fóssil por energia nuclear, teríamos que completar tipo uma usina nuclear por dia, a partir de hoje. Levaria décadas só para educar engenheiros que possam construir essas usinas. A energia nuclear é uma alternativa completamente impossível. Todo mundo sabe disso. Então, por que eles continuam falando sobre isso? — repete. — Isso realmente me assusta. Porque ou os políticos são tão estúpidos que não entendem isso ou eles só querem desperdiçar tempo. E eu não sei o que é o pior.

— Eu acho que a questão nuclear tem um enorme simbolismo para muita gente — diz Svante depois de ter subido na cadeira de balcão na ilha da cozinha, que dá para a sala de estar. — Se você não quer falar sobre o clima, você sempre vai poder falar sobre energia nuclear, porque daí você sabe que a conversa sempre fica presa ali. A energia nuclear é a melhor amiga absoluta dos atrasados climáticos. Eu sei, porque eu mesmo era um deles. Eu pensava que era uma boa solução continuar a usar a energia nuclear, e era algo muito chato e retrógrado dos ambientalistas, que só queriam acabar com esse tipo de energia o tempo todo. Eu acho que tem a ver com futuro e otimismo. Eu queria acreditar que a humanidade podia solucionar tudo. Que conseguimos encontrar todas as soluções. Porque, se tivéssemos conseguido, não precisaríamos mudar. E não precisaríamos mudar essa ordem mundial predominante que me permitia quase sempre ir praticamente aonde quer que fosse. Nesse caso, eu poderia comprar aquele Range Rover com que sempre sonhei. E eu poderia comer exatamente o que eu quisesse, porque o homem tinha conseguido domar a natureza e não havia nada que precisasse ser mudado. Exceto um pouco mais de organização.

Svante coça o cabelo, endireita as costas, gira meia volta na cadeira e continua:

— Eu acho que as pessoas deveriam evitar falar sobre energia nuclear de vez. Porque é completamente desinteressante se você não falar sobre soluções totais. Há cinco ou dez anos, talvez fosse diferente. Porque então ainda tinha uma chance de que uma energia nuclear amplamente difundida e expandida pudesse ser parte da solução. Mas agora estamos em meio a outra crise, que é diferente do que era há apenas dois ou três anos atrás.

— Por que será que alguns políticos são contra a energia eólica e solar? — indago. — É porque é barato? É porque é uma forma muito simples de se conseguir energia e todo mundo pode construir sua própria usina e os países podem se tornar independentes de verdade?

Roxy acorda. Se levanta, olha ao redor de Greta e Moses e depois deita de novo. Desta vez com a cabeça nas patas traseiras de Moses.

Nós ficamos em silêncio por um tempo. Sob o peito de Roxy dá para ver o coraçãozinho de labrador batendo. Greta afaga sua pata preta e diz:

— O mais difícil de tudo são as pessoas que se apresentam querendo vender alguma coisa. Todos os "olá, tenho uma empresa e gostaria de saber se você gostaria de colaborar conosco". Ou os que se apresentam e querem me convidar para diferentes conferências ou que querem fazer um livro, um documentário ou o que quer que seja. Todo mundo quer aproveitar a chance. Nós, que estamos fazendo greve escolar, dizemos que todos têm que dar alguns passos para trás, porque é a única maneira de salvar o clima e sempre somos abordados por aqueles que querem dar alguns passos à frente. Todos que querem se aproveitar. Todos que querem investir em si mesmos e se tornar alguém que não são.

Sete bilhões de pessoas, todas querendo se dar bem, penso para mim mesma. Mas não é assim.

É apenas uma pequena minoria que vive fora dos limites planetários do que é sustentável.

O problema é que pertencemos a essa minoria.

O problema é que aqueles que já têm o suficiente em todas as situações são encorajados a serem piores.

Compre mais.

Viaje mais.

Coma mais.

Faça mais.

Às vezes pensamos em como nossa vida era antes.

Como foi possível que não víssemos o que vemos tão claramente hoje?

E como seria nossa vida se não fosse pelas nossas filhas?

Nossas vidas teriam continuado como sempre foram nos últimos três, quatro anos, se não tivesse sido por elas?

Como seria o nosso cotidiano se não tivéssemos reconhecido nossos próprios fracassos no exato instante em que nossos argumentos se esgotaram?

Eu gostaria de acreditar que teríamos agido de qualquer maneira. Que teríamos mudado nossas vidas.

Mas duvido.

Às vezes pensamos em como reagiríamos se, de repente, uma garota de 15 anos estivesse sentada do lado de fora do Parlamento e estivesse "em greve escolar pelo clima".

Teríamos optado por não a ouvir?

Teríamos fechado nossos olhos?

Será que talvez tivéssemos aderido a qualquer uma das teorias da conspiração, "*porque só pode ter algo de esquisito nisso tudo*"?

Teríamos culpado a China?

Teríamos nos incomodado com a garota fazendo greve?

Simplesmente a odiado?

Teríamos escolhido olhar para outro lado, para termos a oportunidade de continuar como antes?

Teríamos — honestamente — escolhido voluntariamente dar alguns passos para trás?

CENA 103
O ENSAIO GERAL

O fenômeno continua a crescer. Mais rápido a cada hora que passa. No período que antecede o fim da greve, Greta é seguida pela equipe de TV da BBC, da alemã ARD e da dinamarquesa TV2.

Eu tenho ensaio geral à noite. Está chegando a hora da estreia do musical *Så som i himmelen* [*Assim como no céu*] e são longos dias de trabalho no teatro. Quando chego em casa à noite, Greta está dormindo e de manhã, quando ela sai, sou eu quem está dormindo. Não ouço quando os jornalistas de TV se esgueiram em volta do apartamento e filmam cada detalhe da rotina matinal de Greta.

Quando a última sexta-feira chega, tem greve escolar em mais de cem lugares em toda a Suécia. Na Alemanha, Finlândia e Reino Unido também há algumas pessoas aqui e ali que aderiram à greve. Na Holanda, centenas de crianças estão em greve na frente do Parlamento, em Haia. E na Noruega são milhares de pessoas.

É vertiginoso.

Janine OKeeffe é uma das ativistas que aderiram à greve, e é ela quem tenta organizar tudo. Ela é da Austrália e tem uma pequena rede de outros ativistas que ela conhece há muito tempo. Os Biólogos de Campo (Fältbiologerna) e o Greenpeace também ajudam. E muitos outros, claro: Climasuécia (Klimatsverige), Sociedade Sueca de Conservação da Natureza, Não temos tempo (We don't have time), Alerta de tempestade (Stormvarning), Föräldravrålet, Artistas pelo meio ambiente (Artister för miljön).

Todos que de alguma forma lutam pelo meio ambiente e pelo clima ajudam, cada um do seu jeito.

Na medida do possível.

No total, cerca de mil crianças e adultos vêm e se sentam com Greta no último dia da greve escolar. E a mídia de vários países diferentes reporta ao vivo da praça Mynttorget.

Ela conseguiu.

Greta conseguiu o que decidiu fazer.

Ela ficou do lado de fora do Parlamento Sueco por três semanas.

Ela garantiu que a questão climática ficasse um pouco mais em foco.

Ou muito mais.

Muita gente diz que ela sozinha fez mais pelo clima do que os políticos e a mídia de massa fizeram em vários anos.

Mas Greta discorda.

— Nada mudou — rebate ela. — As emissões continuam a aumentar e não há mudança à vista.

Quando o relógio marca três horas, Svante vem buscá-la e eles caminham juntos pelos arcos da rua do Riksgatan em direção às bicicletas que estão estacionadas em frente ao palácio Rosenbad.

— Está satisfeita? — pergunta Svante.

Greta continua em silêncio. Ele repete a pergunta, mas Greta não responde.

Eles destrancam as bicicletas e se preparam para ir para casa.

— Não — diz ela, olhando para a ponte de volta e para a Cidade Velha. — Quero continuar.

CENA 104

FRIDAYS FOR FUTURE

Na manhã seguinte, é sábado, dia oito de setembro. É o dia antes da eleição parlamentar sueca e Greta falará na demonstração da Marcha Mundial pelo Clima (People's Climate March) em Estocolmo. Em todo o mundo, dezenas de milhares de pessoas marchariam pelo clima. Muitos sonharam com uma manifestação totalmente magnífica, ampla e global, mas é de se duvidar que todo esse interesse exista.

Muitos ainda têm esperança mas, apesar dos incêndios desse verão e do aumento dos mudanças extremas de temperatura em todo o mundo, o movimento climático e ambiental internacional ainda se arrasta.

Greta falará no final de março, na frente do Castelo Real. Isso está sendo planejado há muito tempo. Ela pretende ler um texto que escreveu para o jornal ETC.

Mas agora ela quer fazer mais um discurso.

No começo.

Antes de saírem.

Svante pergunta se realmente é uma boa ideia.

Ela só fez um discurso antes. Foi na praça Nytorget, na frente de um restaurante, onde alguns artistas, vários de nossos amigos, foram convidados a "apoiar Greta" em um show beneficente.

Antes disso, Greta nunca falou para mais pessoas do que pode caber em uma sala de aula e nessas poucas ocasiões e ela não parecia estar se divertindo.

Bem pelo contrário.

Mas ela é muito teimosa e Svante chama Ivan do Greenpeace e ele diz que é complicado com tantas intenções diferentes antes da manifestação, mas que vai dar um jeito.

— De alguma forma.

Está lotado de gente no parque Rålambshov. Quase duas mil pessoas lotaram o palco do teatro Parkteatern, atrás das colinas verdes que dão para a ponte Västerbron. Já é o dobro do que geralmente costuma ter nas manifestações climáticas.

E tem mais gente a caminho.

O tempo está brando.

O vento sopra as árvores, as bandeirolas e as bandeiras, e, embora todos saibam que isso não basta, nem de perto, para colocar a questão climática no centro das atenções, ainda há algum tipo de sentimento diferente sobre a manifestação de hoje.

Não é como as manifestações de sempre.

É como se algo fosse acontecer.

Logo.

Talvez seja a mistura de pessoas que esteja dando essa sensação.

Agora não são apenas os rostos familiares. Os usuais. Os ativistas. Voluntários do Greenpeace em traje de urso-polar.

De repente, todas as pessoas e personagens possíveis estão aqui.

Pessoas que poderiam trabalhar com qualquer coisa. E votar em qualquer partido.

— Esta é a minha primeira manifestação — comenta um homem bem-vestido, de quarenta e poucos anos.

— Minha também — diz uma mulher do lado dele, rindo.

O apresentador da conferência apresenta Greta e ela vai devagar, mas firmemente ao centro da arena de cascalho do anfiteatro. Três das garotas que ficaram junto dela na greve nas últimas duas semanas acompanham: Edit, Mina e Morrigan.

O público ovaciona.

Svante, por outro lado, está totalmente assustado. O que vai acontecer agora?

Greta vai falar? Vai começar a chorar? Vai sair correndo dali?

Svante se sente um péssimo pai que não soube dizer "não" com firmeza, desde o começo. Tudo isso começa a parecer grande e irreal demais.

Mas Greta está na maior calma.

Tira o discurso do bolso, o desdobra e olha para o público que forma um leque na frente do palco. Passeia com o olhar pelo mar de gente.

E, assim, pega o microfone e começa a falar.

— Olá, meu nome é Greta. Eu vou falar em inglês agora. E quero que vocês peguem seus celulares e filmem o que eu vou dizer. Daí vocês podem postar isso em seus perfis das mídias sociais.

A plateia ri, um pouco surpresa, celulares nas mãos e todos se preparam para filmar. Em questão de segundos, quase todo mundo está com a câmera do celular focada nas quatro adolescentes que estão no palco.

— Meu nome é Greta Thunberg e tenho 15 anos. E estas são Mina, Morrigan e Edit e nós fizemos uma greve escolar pelo clima nas últimas três semanas. Ontem foi o último dia. Mas...

Greta faz uma pausa.

— Vamos continuar com a greve escolar. Todas as sextas-feiras, a partir de agora, nos sentaremos do lado de fora do parlamento sueco até que a Suécia esteja alinhada com o Acordo de Paris.

O povo aplaude.

Muita gente disse para ela que a greve deve ter uma lista de requisitos a ser apresentada aos políticos. Um manifesto ou algo parecido.

Mas Greta se recusa a fazer exigências concretas.

— Se propusermos muitas soluções específicas, todos pensarão que isso é o suficiente. Mas não é assim. Precisamos de mudanças no sistema e uma maneira totalmente nova de pensar. O que precisa ser feito, o que está nas entrelinhas de todos os acordos e relatórios, é muito mais radical do que qualquer manifesto poderia conter. — Como ela já explicou repetidas vezes. — Nossa única chance é colocar tudo o que precisa ser feito nas mãos dos pesquisadores. Nós somos crianças. Só podemos nos referir ao que os pesquisadores dizem.

O vento morno do final do verão brinca no topo das árvores, no céu do parque Rålambshov. Os aplausos da plateia silenciam e Greta continua:

— Pedimos a todos vocês que façam o mesmo. Sentem-se do lado de fora do seu parlamento ou do governo local, onde quer que esteja, até que seu país esteja seguindo uma trilha segura para atingir a meta de aquecimento abaixo de dois graus. O prazo é muito mais curto do que pensamos. Fracasso significa desastre.

Greta está segurando o microfone na mão direita e na esquerda ela segura o papel dobrado do qual lê o discurso. A voz é firme e não há sinal algum de nervosismo. Ela parece estar feliz lá. Ela até sorri algumas vezes e Svante já se acalmou no meio do público.

— As mudanças necessárias são enormes e todos nós devemos contribuir em todas as áreas de nossas vidas. Especialmente nos países ricos, onde nenhuma nação está fazendo o suficiente. Os adultos fracassaram, e, como a maioria deles, inclusive a imprensa e os políticos, continuam ignorando a situação, precisamos agir por conta própria. A partir de hoje.

"Todos são bem-vindos. Precisamos de todos. Por favor, participe.

"Obrigada."

O público se põe de pé. Gritam e aplaudem.

— Você deve estar muito orgulhoso — diz uma mulher que está sentada ao lado de Svante. Ela o reconhece como o pai de Greta.

— Orgulhoso? — repete Svante bem alto para sua voz superar os aplausos da plateia. — Não, eu não estou orgulhoso. Estou apenas infinitamente feliz porque vejo que ela está se sentindo bem.

As ovações só continuam. Greta se inclina para Edit e cochicha alguma coisa. Elas fazem um aceno positivo uma para a outra.

Greta sorri o sorriso mais bonito que já vi.

Eu assisto a tudo de uma transmissão ao vivo no telefone no pavilhão do Teatro Oscarsteatern.

As lágrimas nunca estancam.

CENA 105
ESPERANÇA

A questão é como queremos ser lembrados.

Nós que vivemos durante o tempo do fogo.

O que vamos deixar para trás?

Do ponto de vista da sustentabilidade, até agora falhamos em todos os pontos.

Mas...

Todos nós podemos mudar isso.

E muito rápido, por sinal.

Ainda temos a oportunidade de corrigir tudo, e não há nada que nós humanos não possamos fazer, se quisermos.

A esperança está em toda parte, mas essa esperança cria demandas.

Porque, sem demandas, a esperança ecoa vazia — sem demandas, a esperança fica no meio do caminho da grande mudança necessária.

Minha esperança acolhe nossa boa vontade e nossa imperfeição.

O caminho a seguir não passa por ataques na mídia ou caça às bruxas, não diferencia ações individuais umas das outras.

Minha esperança requer ação radical.

Minha esperança não fala sobre o que os outros devem fazer ou o que podemos fazer em dez anos, porque em dez anos talvez já seja tarde demais.

Minha esperança é sempre aqui e agora, e estou convencida de que os políticos que optarem por defender mudanças radicais ficarão positivamente surpresos. Se ele ou ela estiver disposto ou disposta a tentar agir de acordo com suas palavras.

Os maiores líderes da humanidade, aqueles que são lembrados, todos tiveram uma coisa em comum — na hora certa, eles escolheram colocar nosso futuro à frente do momento presente.

E, se o nosso destino estiver nas mãos da mídia, não poderia estar em um lugar melhor.

Naturalmente, a mídia já sabe qual responsabilidade está sobre seus ombros. Eles sabem quais escolhas editoriais foram feitas e como corrigi-las. Eles sabem que a confiança futura está em jogo.

Cada ação individual é parte de um movimento comum que cresce mais e mais a cada dia. Na espera por modelos, editoriais e políticos, devemos fazer tudo o que for possível.

E tudo o que for impossível.

Temos que deixar todos os mapas em casa e sair rumo ao desconhecido.

Temos que começar a ouvir tudo o que paramos de ouvir.

Temos que estar muito à frente e, ao mesmo tempo, manter sempre aberta uma porta de boas-vindas atrás de nós.

Todos são bem-vindos.

Tudo e todos são necessários.

CENA 106
DO COMEÇO, DE NOVO

Tarde da noite, quando o apartamento está no escuro, toca um aviso no celular. Greta, Svante e os cachorros já estão dormindo faz muito tempo. É Beata quem manda mensagens de texto da cama, no andar de cima.

"Isso se encaixa exatamente comigo", escreve.

Beata enviou um link do YouTube e uma print da tela de uma página da internet. "Misophonia", diz. Misofonia.

"Eu busquei por diagnósticos", diz ela. "Isso descreve exatamente o que eu sinto."

Eu leio. Rolo a página.

Leio um pouco mais. O que é isso? Outro beco sem saída? Mais outra pegadinha criada por pessoas que gostam de ganhar dinheiro causando caos com doenças que dão medo?

Mas não.

Misofonia aparentemente existe mesmo. Artigos de jornais foram escritos no *New York Times*, no *Sydsvenska Dagbladet* e em muitos outros jornais, e tudo bate com que Beata sente.

Absolutamente tudo.

A misofonia é uma síndrome neurológica que envolve problemas intensos com certos sons específicos. Sons do dia a dia. Tais como inspiração e exalação, mastigadas, sussurros. Ou talheres na porcelana.

Claro, todo mundo fica muito irritado com vários sons específicos. Mas, para uma pessoa com misofonia, esses chamados *sons gatilho* frequentemente dão origem a distúrbios tão grandes que simplesmente não se consegue encontrar em diversos contextos diferentes. A reação mais comum é raiva e ira.

Beata tem repetidamente falado sobre como ela, por exemplo, não consegue se concentrar em nada se ela ouve alguém sussurrando.

— Não dá para controlar. Quando você se senta ao lado de alguém com o nariz entupido você não pode fazer nada. Você só consegue ter raiva.

A misofonia é um conceito completamente novo, mas existe, com pesquisa associada e tudo mais.

Um estudo da Universidade de Amsterdã recomenda que a misofonia se torne imediatamente um novo diagnóstico, porque as pessoas afetadas têm uma deficiência clara e não podem ter controle sobre si mesmas.

"A misofonia é uma desabilidade devastadora para os atingidos e para suas famílias, e ainda não sabemos nada sobre os mecanismos subjacentes", diz uma pesquisa abrangente realizada em 2017, na Universidade de Newcastle.

Existem correlações com o TDAH e transtornos do espectro do autismo. Existem correlações com estresse.

E, no entanto, nunca ouvi o nome ser mencionado. Apesar das milhares de páginas que li. Apesar de todas as reuniões e conversas.

"A consciência da misofonia lembra a forma como vimos TDAH apenas há duas décadas", escreve um psicólogo e escritor estadunidense.

Existe tecnologia assistiva disponível. Ajustes podem ser feitos.

Mas aqui não há mapas ainda. Tudo é terra inexplorada.

E nós começamos do começo. Novamente.

CENA 107
VÁLVULAS DE SEGURANÇA

Há tantas coisas que não sabemos. Muitos dizem que nós, seres humanos, já entendemos a importância da crise climática e de sustentabilidade. Que estamos reprimindo.

Mas está errado.

Nossa ignorância é muito maior do que pensamos.

Não sabemos.

Não entendemos.

Décadas de conhecimento vital não nos alcançaram.

Uma maioria devastadora da população mundial não faz ideia do verdadeiro significado da crise climática.

E é exatamente aí, nesse conhecimento, que paira toda a esperança de que precisamos.

E se soubéssemos?

E se tivéssemos feito tudo o que fizemos por maldade? Completamente conscientes?

E se continuarmos a fazer o que fazemos, apesar de nossa plena compreensão das consequências da catástrofe ecológica que estamos deixando atrás de nós?

Como se o ser humano fosse intencionalmente mau?

Isso é impensável.

E se o limiar de dor da humanidade tivesse sido um pouco mais alto?

E se pudéssemos continuar vivendo como estamos vivendo, sem que muitos de nós tivessem começado a desmoronar e cair do carrossel?

Então teria sido tarde demais.

Então toda a injustiça social, toda a opressão, toda a doença mental e todo o esgotamento foram em vão.

Mas essa não é a realidade.

Havia muitas válvulas de segurança, e esta é uma delas.

Ela diz que ainda há tempo.

Diz que existe um sistema político que nos dá a oportunidade de reparar o que foi quebrado e criar algo justo, novo e melhor. Diz que há uma ferramenta e essa ferramenta é chamada de educação popular.

A crise climática é um sintoma entre muitos em um mundo insustentável.

Um sintoma agudo.

A crise da sustentabilidade também é uma escolha.

Uma oportunidade para fazer tudo certo.

E existe nossa esperança.

CENA 108

LUGAR NO PALCO

Eu acredito que a vida é para valer. E acredito que temos que pensar de outro jeito.

De todas as pessoas que já habitaram esta Terra, sete por cento vivem hoje.

Somos nós.

Nós pertencemos ao mesmo grupo. Somos parte de um todo que se estende do passado ao futuro, e cabe a nós, os sete por cento, garantir o futuro de todos.

É a nossa tarefa histórica e precisamos uns dos outros.

Mais do que nunca.

Nós precisamos da tecnologia. Precisamos de silvicultura e agricultura sustentáveis. Precisamos de empresas, economistas, políticos, jornalistas e pesquisadores, e precisamos de nossa incrível capacidade de nos adaptar e mudar.

Mas, acima de tudo, precisamos reconhecer a boa vontade um do outro.

Já resolvemos a crise climática. Nós sabemos exatamente o que fazer.

A única coisa que resta é tomar uma decisão.

Economia ou ecologia?

Nós temos que escolher.

Pelo menos até chegarmos a um terreno seguro.

O fato de que nossos desafios puramente existenciais ainda estão sendo reduzidos à política partidária é um absurdo. Garantir os recursos limitados que permitem a vida futura deve ser algo da ordem do óbvio. Assim como a percepção de que o caminho à frente às vezes requer alguns passos para trás.

Assim como a igualdade de gênero e o valor igualitário de todas as pessoas devem ser tão óbvios quanto os partidos políticos afirmam que são.

Mas eles não são.

Pelo contrário.

E é por isso que não há questões que sejam mais políticas que essas.

Elas estão ligadas.

São a mesma coisa.

Porque quando o dióxido de carbono da eterna sociedade de machos atinge nossa atmosfera ele literalmente chega ao teto. Quando a lei de que tudo deve ser maior, mais rápido, mais se contrapõe à nossa sobrevivência comum. Então há um novo mundo à nossa porta, e esse mundo nunca esteve tão próximo como agora.

Ou tão longe.

Um mundo moderado.

Um mundo onde uma menina equipada com uma conta do Instagram e uma imagem de urso-polar pode ser tão eficaz em defender nossa segurança comum como todos os exércitos do mundo juntos.

Nossas limitações estão surgindo lentamente. O infinito recupera seus contornos. Nem tudo é possível, e isso é bom. Porque, com moderação, existe outra liberdade muito maior.

A luta pelo meio ambiente é o maior movimento feminista do mundo. Não porque ela exclua os homens, de qualquer forma, mas porque desafia as estruturas e valores que criaram a crise em que estamos.

A Mãe Terra está pronta, no pano de fundo.

A qualquer momento, as cortinas serão puxadas para os lados.

Precisamos começar a falar sobre como nos sentimos.

Porque somos nós que decidimos agora.

Somos nós contra a escuridão.

De boca em boca, de cidade em cidade, de país em país.

Se organizem.

Ajam.

Provoquem anéis na água.

Tem lugar no palco.

OBRIGADA PELA AJUDA, PACIÊNCIA E INSPIRAÇÃO

Anita e Janne von Berens, Anna Melin, Camilla Berntsdotter Lindblom, Hanna Askered e a organização Aprendizagem com os animais, Björn Meder, Jiang Millington e a campanha Children in Need, Pär Holmgren, Nils Erik Svedberg Lund e o Centro de Tratamento de Desordem alimentar de Estocolmo, Svenny Kopp, Kevin Anderson, Isaac Stoddard, funcionários da BUP Kungsholmen, Magdalena Mattsson, Kerstin Avemo, Fredrik Kempe, Lina Martinsson, Helen Sjöholm e David Granditsky, Jenny Stiernstedt, Cães sem lar, Leif Blixten Henriksson, Pernilla Thagaard, Stefan Sundström, Marten Aglander, Jonas Gardell e Mark Levengood, Mina Dennert, Mats Bergstrom, Janne Bengtsson, Petronella Nettermalm, Sten Collander, Ola Ilstedt, Stina Wollter, Anders Wijkman, Özz Nûjen, Frederick Marcus, Karin af Klintberg, John Ehrenberg, Alexandra Pascalidou, Staffan Lindberg, Bjorn Ferry, Heidi Andersson, Maja Hellsing, Jeanette Andersson, Mattias Goldman, Helle Klein, Terrenos Nisse, Vicky von der Lancken, Kent Wisti, Anna Tomada, Cecilia Ekebjär, Rosanna Endre e Greenpeace Suécia, funcionários da Oatly Suécia, Martin Hedberg, Malin Tärnström, Hanna Friman, Christopher Hornell, Susanna Jankovic, Tomas Törnkvist, Frida Boisen, Carl Schlyter, Rebecca Le Moine, Svenska Stråkeensamblen,

Oskar Johansson, Anders Amrén, Peter Edding, Helena Lex Norling, Djurens Rätt, Vi Står Inte Ut, WWF Suécia, Sociedade Sueca para Conservação da Natureza e nossas famílias. Um agradecimento especial a Jonas Axelsson, Annie Murphy e a todos da editora Polaris Förlag.

DISCURSOS DE GRETA

Este texto é composto pelas poderosas declarações de Greta Thunberg na Marcha do Clima em Estocolmo (8/9/2018); em Bruxelas (6/10/2018); em Helsinque (20/10/2018); na Praça do Parlamento em Londres para a Declaração de Rebelião XR (31/10/2018); para TedX (novembro de 2018); na ONU COP24 (dezembro de 2018); na YOUNGO, encontro da COP24 em Katowice com o Secretário Geral da ONU (3/12/2018); em Davos (25/1/2019); e também postado no Facebook (2/2/2019).

Quando eu tinha cerca de oito anos, ouvi falar pela primeira vez sobre algo chamado mudança climática ou aquecimento global. Aparentemente, isso era algo que nós seres humanos criamos por nosso modo de vida. Me disseram para apagar as luzes para economizar energia e reciclar papel para economizar recursos.

Lembro-me de pensar que era fosse muito estranho que seres humanos, que são uma espécie animal entre todas as outras, pudessem mudar o clima da Terra. Porque, se fôssemos realmente capazes e se isso estivesse realmente acontecendo, não estaríamos falando outra coisa que não isso. Assim que você ligasse a TV, tudo só se ouviria sobre isso. Manchetes, rádio, jornais. Você nunca iria ler ou ouvir sobre qualquer outra coisa que não fosse isso. Como se estivéssemos no meio de uma guerra mundial.

Mas, ninguém falava sobre isso.

Se a queima de combustíveis fósseis fosse algo tão ruim que ameaçava nossa própria existência, como poderíamos continuar como antes? Por que não houve restrições? Por que isso não era considerado ilegal?

Para mim, isso não fazia sentido. Era muito irreal.

Então, quando eu tinha 11 anos, fiquei doente. Entrei em depressão. Parei de falar. E parei de comer. Em dois meses emagreci cerca de dez quilos. Mais tarde, fui diagnosticada com síndrome de Asperger, TOC e mutismo seletivo.

Isso basicamente significa que eu só falo quando acho necessário. Agora é um desses momentos.

Para nós que estamos no espectro do autismo, quase tudo é preto no branco. Nós não somos muito bons em mentir e geralmente não temos muito interesse em participar do jogo social de que vocês, os outros, tanto gostam.

De diversas formas eu acho que nós autistas somos os normais e que as outras pessoas são bem estranhas.

Especialmente quando se trata da crise de sustentabilidade pela qual estamos passando. Todos continuam dizendo que a mudança climática é uma ameaça à existência e a questão mais importante de todas, mas mesmo assim continuam levando suas vidas exatamente como antes.

Eu não entendo isso. Porque, se as emissões têm que parar, então devemos parar as emissões. Para mim isso é preto no branco. Não há áreas cinzentas quando se trata de sobrevivência. Ou nós continuamos como uma civilização ou não. Nós temos que mudar.

Países como a Suécia precisam começar a reduzir as emissões em pelo menos 15 por cento a cada ano. E isso para que possamos ficar abaixo de uma meta de aquecimento de 2 °C. No entanto, como o IPCC apontou recentemente, se em vez disso nossa meta for de um grau e meio, os impactos climáticos seriam reduzidos significativamente — mas imaginemos o que isso significa em termos de redução das emissões. Você imaginaria que todos os nossos líderes e a mídia estariam falando apenas disso — mas ninguém nem menciona esses fatos. Assim como ninguém mencionou nada sobre os gases de efeito estufa que já estão bloqueados no sistema, ou que a poluição do ar esconde um aquecimento. Isso quer dizer que, quando paramos de queimar combustíveis fósseis, já temos um nível extra de aquecimento, talvez de 0,5° a 1,1 °C.

E ninguém menciona que estamos no meio da sexta extinção em massa, com cerca de 200 espécies sendo extintas a cada dia. E que a taxa de extinção natural hoje é entre mil e dez mil vezes maior do que o normal.

Além disso, ninguém nunca fala sobre o aspecto de equidade, ou justiça climática — claramente declarado ao longo de todo o Acordo de Paris —, que é absolutamente necessário para que o Acordo de Paris funcione em escala global. Isso significa que os países ricos precisam reduzir suas emissões a zero dentro de 6 a 12 anos, com a velocidade de emissão atual, para que as pessoas dos países mais pobres possam melhorar seu padrão de vida ao construir parte da infraestrutura que já construímos. Como estradas, hospitais, eletricidade, escolas e água potável. Como podemos esperar que países como a Índia ou a Nigéria se preocupem com a crise climática se nós, que já temos tudo, não nos importamos nem um segundo com isso nem nos comprometemos com o Acordo de Paris?

Então, por que não estamos reduzindo nossas emissões? Por que elas estão, de fato, aumentando? Estamos conscientemente causando uma extinção em massa? Somos maus?

Não, claro que não. As pessoas continuam fazendo o que fazem porque a grande maioria não tem a menor ideia sobre as consequências de nosso cotidiano. E eles não sabem das mudanças que são urgentemente necessárias.

Todos nós achamos que sabemos e achamos que todos sabem. Mas não sabemos. Como poderíamos saber?

Se realmente houvesse uma crise, e se essa crise fosse causada por nossas emissões, você veria, pelo menos, alguns sinais. Não apenas cidades inundadas, dezenas de milhares de pessoas mortas e nações inteiras se transformando em pilhas de edifícios destruídos. Você veria algumas restrições.

Mas não. E quase ninguém fala sobre isso. Não há manchetes, reuniões de emergência, notícias de última hora. Ninguém está agindo como se estivéssemos em meio a uma crise. Até mesmo a maioria dos cientistas climáticos e políticos que defendem o clima continua andando de avião ao redor do mundo e comendo carne e laticínios.

Se eu viver até os 100 anos, eu estarei viva no ano de 2103. Quando você pensa sobre o "futuro" hoje, você não pensa além do ano de 2050. A essa altura, na melhor das hipóteses, não chegarei a ter vivido metade da minha vida. O que acontece depois?

No ano de 2078, celebro meu 75º aniversário. Se eu tiver filhos, talvez eles passem esse dia comigo.

Talvez eles perguntem sobre vocês. As pessoas que viviam aqui em 2018.

Talvez eles perguntem por que vocês não fizeram nada, enquanto ainda havia tempo para agir.

O que fazemos ou não fazemos agora vai afetar toda a minha vida e a vida de meus filhos e meus netos.

E o que fazemos ou não fazemos agora eu e minha geração não poderemos desfazer no futuro.

Foi por isso que, quando a o ano letivo começou, em agosto deste ano, decidi que bastava. Fui e me sentei no chão do lado de fora do Parlamento sueco. Eu entrei em greve escolar pelo clima.

Algumas pessoas dizem que eu deveria estar na escola. Algumas pessoas dizem que eu deveria estudar para me tornar uma cientista climática para que eu possa "resolver a crise climática". Mas a crise climática já foi resolvida. Já temos todos os fatos e soluções. Tudo o que precisamos fazer é acordar e mudar.

E por que eu deveria estar estudando para um futuro que em breve não existirá mais, quando ninguém está fazendo nada para salvar esse futuro? E que sentido faz aprender fatos dentro do sistema escolar quando os fatos mais importantes, apresentados pela melhor ciência do mesmo sistema escolar, claramente não significam nada para nossos políticos nem para nossa sociedade?

Muita gente diz que a Suécia é um país pequeno e que não importa o que fazemos. Mas, se algumas poucas crianças podem ser manchete em todo o mundo só por deixarem de ir à escola por algumas semanas, imagine o que seríamos capazes de fazer juntos, se quiséssemos.

Agora estamos quase no final da minha palestra. E é aí que as pessoas geralmente começam a falar de esperança. Painéis solares, energia eólica, economia circular e assim por diante.

Mas eu não vou fazer isso. Passamos trinta anos dando palavras de encorajamento e vendendo ideias positivas. E sinto muito, mas isso não funciona. Porque, se funcionasse, a essa altura as emissões já teriam diminuído. Elas não diminuíram.

É claro que precisamos de esperança, claro que sim. Mas a única coisa de que precisamos, mais que esperança, é ação. Quando começarmos a agir, a esperança estará por toda parte. Então, em vez de procurar por esperança, procure por ação. Então, e só então, a esperança virá.

Hoje usamos 100 milhões de barris de petróleo por dia. Não há política para mudar isso. Não há regras para manter esse óleo no solo.

É por isso que não podemos salvar o mundo seguindo regras. Porque as regras precisam ser mudadas.

Tudo precisa mudar. E isso tem que começar hoje.

No verão passado, o cientista climático Johan Rockström, juntamente com outras pessoas, escreveu que temos no máximo três anos para reverter o crescimento das emissões de gases do efeito estufa se quisermos atingir as metas estabelecidas no Acordo de Paris.

Já se passou mais de um ano e dois meses e, nesse tempo, muitos outros cientistas disseram a mesma coisa, mas muitas coisas pioraram e as emissões de gases de efeito estufa continuam aumentando. Então talvez tenhamos menos tempo do que este um ano e dez meses que Johan Rockström disse que nos restavam.

Se as pessoas soubessem disso, não precisariam me perguntar por que sou tão "engajada com a questão da mudança climática".

Se as pessoas soubessem que os cientistas dizem que nossa chance de atingir a meta do Acordo de Paris é de cinco por cento e se soubessem que cenário aterrorizante enfrentaremos se não mantivermos o aquecimento global abaixo de 2 °C, elas não precisariam me perguntar por que estou fazendo greve escolar, sentada do lado de fora do Parlamento sueco.

Porque, se todo mundo soubesse da seriedade da situação e como o que está sendo feito é pouco, todo mundo viria se sentar ao nosso lado.

Na Suécia, levamos nossas vidas como se tivéssemos os recursos suficientes para 4,2 planetas. Nossa pegada de carbono é uma das dez piores do mundo. Isto significa que a Suécia rouba 3,2 anos de recursos naturais das gerações futuras a cada ano. Nós, que fazemos parte dessas gerações futuras, queremos que a Suécia pare de fazer isso.

Agora.

Este não é um texto político. Nossa greve escolar não tem nada a ver com política partidária.

Porque o clima e a biosfera não se importam com nossa política e nossas palavras vazias, nem por um segundo.

Eles só se importam com o que realmente fazemos.

Este é um grito de socorro.

A todos os jornais que ainda não escrevem ou relatam sobre a mudança climática, apesar de eles mesmos terem dito que o clima é "a questão crucial do nosso tempo" quando as florestas suecas estavam queimando no último verão.

A todos vocês que nunca trataram esta crise como uma crise.

A todos os *influencers* que defendem tudo, exceto o clima e o ambiente.

A todos os partidos políticos que fingem levar a questão do clima a sério.

A todos os políticos que nos ridicularizam nas mídias sociais e que apontaram para mim e fizeram piadas com meu nome para que as pessoas digam que sou retardada, uma vadia e uma terrorista, e muitas outras coisas.

A todos vocês que escolhem virar o rosto todos os dias porque parecem ter mais medo das mudanças que podem impedir uma mudança climática catastrófica do que da mudança climática catastrófica em si.

Seu silêncio é praticamente o pior que há.

O futuro de todas as próximas gerações está sobre seus ombros.

Nós, que ainda somos crianças, não podemos mudar o que você faz agora quando tivermos idade suficiente para fazer algo a esse respeito.

Muitos dizem que a Suécia é um país pequeno, que não importa o que façamos. Mas, se algumas garotas conseguem ser manchete em todo o mundo só por deixarem de ir à escola por algumas semanas, imagine o que seríamos capazes de fazer juntos, se quiséssemos.

Cada pessoa conta.

Assim como cada emissão conta.
    Cada quilograma.
    Tudo conta.

Então, por favor, trate a crise climática como a crise aguda que ela é e nos dê um futuro.

Nossas vidas estão em suas mãos.

Nossa casa está em chamas.

Eu estou aqui para dizer que nossa casa está em chamas.

De acordo com o IPCC, estamos a menos de doze anos de não conseguirmos desfazer nossos erros. Nesse tempo, mudanças sem precedentes em todos os aspectos da sociedade precisam já ter ocorrido — incluindo uma redução de nossas emissões de gás carbônico em pelo menos cinquenta por cento.

E, por favor, note que esses números não incluem o aspecto da equidade, que é absolutamente necessário para que o Acordo de Paris funcione em escala global.

Nem incluem pontos de inflexão ou ciclos de feedback como o gás metano, que é extremamente poderoso e é liberado pelo descongelamento do *permafrost* ártico.

Em lugares como Davos, as pessoas gostam de contar histórias de sucesso. Mas o sucesso financeiro delas veio com um preço inimaginável. E, no que se trata da mudança climática, temos que reconhecer que fracassamos.

Todos os movimentos políticos em sua forma atual fracassaram.

E a mídia não conseguiu criar uma conscientização pública ampla.

Mas o *Homo sapiens* ainda não falhou.

Sim, estamos falhando, mas ainda dá tempo de reverter isso tudo. Ainda podemos consertar isso. Tudo ainda está em nossas mãos.

Mas, se não reconhecermos as falhas gerais dos nossos sistemas atuais, provavelmente não teremos a menor chance.

Estamos enfrentando um desastre que causa sofrimento para uma enorme quantidade de pessoas. E agora não é mais hora de falar educadamente ou de se concentrar no que podemos ou não podemos dizer. Agora é hora de falar claramente.

Resolver a crise climática é o maior e mais complexo desafio que o *Homo sapiens* precisou enfrentar. A principal solução, no entanto, é tão simples que até uma criança pequena pode entender. Temos que parar nossas emissões de gases de efeito estufa.

Ou fazemos isso ou não fazemos.

Você diz que nada na vida ou é oito ou oitenta.

Mas isso é mentira. Uma mentira muito perigosa.

Ou evitamos um aquecimento de 1,5°C ou não.

Ou evitamos desencadear essa reação em cadeia irreversível que está além do controle humano ou não.

Ou escolhemos continuar vivendo como uma civilização ou não.

Isso é o mais ou oito ou oitenta possível.

Não há áreas cinzentas quando se trata de sobrevivência.

Agora todos nós temos uma escolha.

Podemos criar ações transformadoras que preservem as condições de vida das gerações futuras.

Ou podemos continuar com nossos negócios como de costume e falhar.

Está nas nossas mãos.

Algumas pessoas dizem que não devemos nos engajar em ativismo. Em vez disso, devemos deixar tudo para nossos políticos e simplesmente votar por uma mudança. Mas o que podemos fazer quando não existe vontade política? O que fazemos quando as políticas necessárias não estão ao nosso alcance?

Aqui em Davos — assim como em qualquer outro lugar no mundo — todo mundo fala sobre dinheiro. Parece que dinheiro e crescimento são as nossas principais preocupações.

E, como a crise climática é uma crise que nunca foi tratada como uma crise, as pessoas simplesmente não estão conscientes das consequências de nosso cotidiano. Elas não têm consciência de que existe algo como orçamento de carbono e de que o que resta desse orçamento de carbono é ínfimo. E isso precisa mudar hoje.

Nenhum outro desafio atual é páreo para a importância de estabelecer uma conscientização pública ampla que leve à compreensão do nosso desaparecimento acelerado do orçamento de carbono, que precisa se tornar nossa nova moeda global e o cerne de nossa economia futura e atual.

Estamos em um momento na história no qual todo mundo que tenha a mínima visão da crise climática que ameaça nossa civilização e toda a biosfera deve falar. Em linguagem clara.

Precisamos mudar quase tudo em nossas sociedades atuais, mesmo que isso pareça desconfortável ou inútil.

Quanto maior a sua pegada de carbono — maior o seu dever moral.

Quanto maior sua plataforma — maior sua responsabilidade.

Os adultos continuam dizendo: "Temos obrigação de dar esperança às gerações mais jovens."

Mas eu não quero a sua esperança.

Eu não quero que vocês sejam esperançosos.

Eu quero que vocês entrem em pânico.

Eu quero que vocês sintam o medo que eu sinto todos os dias.

E eu quero que vocês ajam.

Eu quero que vocês ajam como agiriam se estivessem no meio de uma crise.

Eu quero que vocês ajam como se nossa casa estivesse em chamas.

Porque ela está.

Todas as sextas-feiras nos sentamos do lado de fora do Parlamento sueco até que a Suécia esteja alinhada ao Acordo de Paris.

Pedimos a todo mundo que faça o mesmo, onde quer que esteja: sente-se do lado de fora de seu parlamento ou do edifício do governo local até que sua nação esteja em um caminho seguro para uma meta de aquecimento abaixo de 2 °C.

Se juntarmos todas as emissões atuais da Suécia e da Bélgica — inclusive aviação, navegação e produtos importados — e se levarmos em conta o aspecto da equidade aos países mais pobres, claramente indicado no Acordo de Paris e no Protocolo de Kyoto, países ricos como a Suécia e a Bélgica precisam começar a reduzir as emissões em pelo menos 15 por cento por ano, de acordo com a Universidade de Uppsala. Ao fazer isso, damos uma chance para os países em desenvolvimento melhorarem seu padrão de vida ao construir parte da infraestrutura que já construímos, como estradas, escolas, hospitais, água potável, eletricidade etc.

Algumas pessoas dizem que deveríamos estar na escola. Mas por que precisamos estudar por um futuro que em breve não existirá, quando ninguém está fazendo nada para salvar esse futuro?

E que sentido faz aprender fatos dentro do sistema escolar quando os fatos mais importantes, apresentados pela melhor ciência desse mesmo sistema escolar, claramente não significam nada para nossos políticos nem para nossa sociedade?

Atualmente usamos cem milhões de barris de petróleo diariamente. Não há política para mudar isso. Não há regras para manter esse óleo no solo.

É por isso que não podemos salvar o mundo seguindo regras.
Porque as regras precisam ser mudadas.
Tudo precisa mudar.
E isso tem que começar hoje

Você não precisa ir a lugar nenhum para protestar contra a crise climática. Porque a mudança climática está em todo lugar. Você pode ficar em pé ou sentado do lado de fora de qualquer prédio do governo, em qualquer parte do mundo, e ter o mesmo impacto positivo. Você pode ficar na entrada de qualquer empresa de petróleo ou energia. Qualquer mercearia ou supermercado, qualquer jornal, qualquer aeroporto, qualquer posto de gasolina, qualquer produtor de carne ou qualquer estação de televisão do mundo.

Ninguém está nem perto de fazer o suficiente.

Tudo e todos precisam mudar.

No mês passado, o Secretário-Geral das Nações Unidas disse que temos até 2020 para mudar de rumo e envergar as curvas de emissão para baixo, para ficarmos dentro dos limites do Acordo de Paris, senão o mundo enfrentará "uma ameaça existencial direta".

Se as pessoas soubessem que os cientistas dizem que agora temos menos de cinco por cento de chance de atingir a meta do Acordo de Paris, e se soubessem que cenário aterrorizante enfrentaremos se não mantivermos o aquecimento global abaixo de 2 °C, elas não precisariam me perguntar por que estou em greve escolar, sentada do lado fora do Parlamento sueco.

Porque, se todo mundo soubesse da seriedade da situação e como o que está sendo feito é pouco, todo mundo viria se sentar ao nosso lado.

Na Suécia, levamos nossas vidas como se tivéssemos os recursos de 4,2 planetas. Na Bélgica são necessários 4,3 planetas. Nossa pegada de carbono está entre as dez piores do mundo. Isto significa que tanto a Suécia quanto a Bélgica roubam mais de 3 anos de recursos naturais das gerações futuras a cada ano que passa. Nós que pertencemos a essas gerações futuras exigimos que a Suécia, a Bélgica e todos os outros países parem de fazer isso e comecem a viver dentro dos limites do nosso planeta.

Este é um grito de socorro.

A todos os jornais que nunca trataram esta crise como uma crise.

A todos os *influencers* que defendem tudo, exceto o clima e o ambiente.

A todos os partidos políticos que fingem levar a questão do clima a sério.

A todos vocês que sabem, mas preferem virar o rosto todos os dias, porque parecem ter mais medo das mudanças que podem impedir uma mudança climática catastrófica do que da mudança climática catastrófica em si.

Seu silêncio é praticamente o pior que há.

O futuro de todas as próximas gerações está sobre seus ombros.

O que você faz agora nós crianças não podemos desfazer no futuro.

Muitos dizem que a Suécia ou a Bélgica são apenas países pequenos e que não importa o que façamos. Mas eu acho que se algumas crianças conseguem ser manchete em todo o mundo só por deixarem de ir à escola por algumas semanas, imagine o que seríamos capazes de fazer juntos, se quiséssemos.

Cada pessoa conta.

Assim como cada emissão conta.

Cada quilograma.

Então, por favor, trate a crise climática como a crise aguda que ela é e nos dê um futuro.

Nossas vidas estão em suas mãos.

Em 25 anos, inúmeras pessoas já estiveram em frente às conferências sobre o clima das Nações Unidas, pedindo aos líderes de nosso país que parassem as emissões. Mas, claramente, isso não funcionou, já que as emissões continuam aumentando.

Então eu não vou pedir nada a eles.

Em vez deles, pedirei à mídia que comece a tratar a crise como crise.

Em vez deles, pedirei às pessoas em todo o mundo que percebam que nossos líderes políticos falharam.

Porque estamos enfrentando uma ameaça à nossa existência e não há tempo para continuar nessa loucura.

Países ricos como a Suécia precisam começar a reduzir suas emissões em pelo menos 15 por cento a cada ano, para atingir a meta de aquecimento de 2 °C. Você pensaria que a mídia e todos os nossos líderes não estariam falando de outra coisa — mas ninguém sequer menciona essa questão.

Assim como ninguém menciona o fato de estarmos vivendo a sexta extinção em massa, na qual cerca de duzentas espécies estão sendo extintas a cada dia. Além disso, ninguém fala sobre o aspecto da equidade, que é claramente declarado ao longo de todo o Acordo de Paris e que é absolutamente necessário para que ele funcione em escala global.

Isso significa que os países ricos, como o meu, precisam reduzir suas emissões a zero dentro de seis a doze anos, considerando a velocidade de emissão atual, para que as pessoas dos países mais pobres possam melhorar seu padrão de vida e construir parte da infraestrutura que já construímos. Como estradas, hospitais, eletricidade, escolas e água potável. Como podemos esperar que países como a Índia, a Colômbia ou a Nigéria se preocupem com a crise climática se nós, que já temos tudo, não nos importamos nem por um segundo com nosso compromisso com o Acordo de Paris?

Recentemente, tenho visto muitos rumores circulando sobre mim e enormes quantidades de ódio. Isso não é surpresa para mim. Sei que, uma vez que a maioria das pessoas não tem consciência do significado pleno da crise climática (o que é compreensível, uma vez que ela nunca foi tratada como uma crise), uma greve escolar pelo clima pareceria muito estranha para as pessoas em geral. Então, deixa eu esclarecer algumas coisas sobre minha greve escolar.

Em maio de 2018, fiquei entre os vencedores de um concurso de redação sobre o meio ambiente realizado pelo jornal sueco Svenska Dagbladet. Publiquei meu artigo e algumas pessoas me contataram, entre elas Bo Thorén, da empresa Fossil Free Dalsland. Ele tinha algum tipo de grupo para pessoas, especialmente jovens, que queriam fazer algo sobre a crise climática.

Participei de algumas reuniões por telefone com outros ativistas. O objetivo era apresentar ideias de novos projetos que chamassem a atenção para a crise climática. Bo tinha algumas ideias de coisas que poderíamos fazer. Tudo, desde marchas até uma ideia fraca de algum tipo de greve escolar (em que estudantes fariam alguma coisa nos pátios da escola ou nas salas de aula).

Essa ideia foi inspirada pelos Parkland Students, alunos que se recusaram a ir à escola depois do tiroteio na escola em Parkland.

Gostei da ideia de uma greve escolar. Então desenvolvi essa ideia e tentei fazer com que os outros jovens se juntassem a mim, mas ninguém estava realmente interessado. Eles achavam que uma versão sueca da marcha da série Zero Hour teria um impacto maior. Então fui planejando a greve escolar sozinha e depois disso eu não participei mais de nenhuma reunião.

Quando contei aos meus pais sobre meus planos, eles não gostaram muito da ideia. Eles não apoiaram a ideia de uma greve escolar e disseram que, se eu fizesse isso, teria que fazer completamente sozinha, sem o apoio deles.

No dia 20 de agosto, me sentei diante do Parlamento sueco. Distribuí panfletos com uma longa lista de fatos sobre a crise climática e explicações do porquê de eu estar em greve. A primeira coisa que fiz foi postar no Twitter e no Instagram o que eu estava fazendo e logo viralizei. E jornalistas e jornais começaram a aparecer. Um empresário sueco, homem de negócios ativo no movimento climático, Ingmar Rentzhog, foi um dos primeiros a chegar. Ele falou comigo, tirou fotos e postou no Facebook. Essa foi a primeira vez que eu o encontrei ou que falei com ele. Não havia me comunicado ou me encontrado com ele antes.

Muita gente adora espalhar rumores dizendo que há pessoas "por trás de mim" ou que estou sendo "paga" ou "usada" para fazer o que estou fazendo. Mas não há ninguém "por trás de mim", exceto eu mesma. Meus pais estavam tão distantes dos ativistas climáticos quanto possível antes de eu os conscientizar da situação.

Não faço parte de nenhuma organização. Por vezes, apoio e coopero com várias ONGs que trabalham em prol do clima e do ambiente. Mas sou absolutamente independente e me represento sozinha. E faço o que faço de graça, não recebi nenhum dinheiro ou promessa de pagamentos futuros de forma alguma. Nem eu nem ninguém ligado a mim ou à minha família.

E é claro que vai continuar sendo assim. Não encontrei um único ativista climático que esteja lutando pelo clima por dinheiro. Essa é uma ideia completamente absurda.

Além disso, só viajo com permissão da escola e meus pais pagam por passagens e hospedagem.

Minha família escreveu um livro sobre a nossa família e como eu e minha irmã Beata influenciamos o modo de pensar e ver o mundo dos meus pais, especialmente quando se trata do clima. E sobre nossos diagnósticos.

Esse livro estava previsto para ser lançado em maio de 2018. Mas, como houve um grande desentendimento com a editora, acabamos mudando para uma nova editora e, por isso, o livro foi lançado em agosto do mesmo ano.

Antes de o livro ser lançado, meus pais deixaram claro que seus possíveis lucros com o livro *Scener ur hjärtat*, "Cenas do coração", vão para oito instituições de caridade diferentes que trabalham em prol do meio ambiente, crianças com diagnósticos e direitos dos animais.

E, sim, eu escrevo meus próprios discursos. Mas, como eu sei que o que eu digo vai atingir muita gente, muitas vezes peço sugestões. Eu também tenho contato com alguns cientistas a quem frequentemente peço ajuda sobre como expressar certos assuntos complicados. Quero que tudo esteja absolutamente correto para não divulgar fatos incorretos ou coisas que possam ser mal compreendidas.

Tem gente que caçoa de mim por causa do meu diagnóstico. Mas Asperger não é uma doença, é um dom. Tem também os que dizem que, como tenho Asperger, eu não poderia ter me colocado nessa posição. Mas é exatamente por isso que me coloquei nessa posição. Porque, se eu fosse "normal" e social, eu teria me afiliado a uma organização ou começado uma sozinha. Como não sou tão boa em socializar, fiz isso. Eu estava muito frustrada porque nada estava sendo feito em relação à crise climática e senti que tinha que fazer alguma coisa, qualquer coisa. E às vezes NÃO fazer nada — como ficar sentada do lado de fora do Parlamento — tem muito mais impacto do que fazer coisas. Assim como um sussurro às vezes faz mais barulho do que um grito.

Também há uma queixa por eu "soar e escrever como uma adulta". E sobre isso só posso dizer: você não acha que uma garota de 16 anos pode ter voz, por si mesma? Há também gente que diz que eu simplifico demais as coisas. Por exemplo, quando digo que "a crise climática é uma questão oito ou oitenta", "precisamos parar as emissões de gases de efeito estufa" e "quero que vocês entrem em pânico". Mas eu só digo isso porque é verdade. Sim, a crise climática é a questão mais complexa que já enfrentamos e ela exige o máximo de nós para que possamos fazer com que ela pare. Mas a solução é como preto no branco, precisamos parar as emissões de gases de efeito estufa.

Porque, ou limitamos o aquecimento a 1,5 °C a níveis pré-industriais, ou não. Ou chegamos a um ponto de inflexão onde começamos uma reação em cadeia com eventos muito além do controle humano, ou não. Ou nós continuamos vivendo como civilização, ou não. Não existem áreas cinzentas quando se trata de sobrevivência.

E, quando digo que quero que vocês entrem em pânico, quero dizer que precisamos tratar essa crise como uma crise. Quando sua casa está pegando fogo, você não se senta e fala que você pode reconstruir tudo quando o fogo apagar. Se sua casa estiver pegando fogo, você corre para fora e se certifica de que todo mundo está do lado fora ao mesmo tempo em que liga para o corpo de bombeiros. Isso requer algum nível de pânico.

Há outro argumento sobre o qual não posso fazer nada, que é o fato de eu ser "apenas uma criança e não devemos dar ouvidos às crianças". Mas isso dá para se corrigir facilmente — é só vocês começarem a dar ouvidos à ciência, que é sólida como uma rocha. Porque, se todos dessem ouvidos aos cientistas e aos fatos a que me refiro constantemente, ninguém teria que escutar a mim, nem a nenhuma das outras centenas de milhares de crianças em idade escolar em greve pelo clima em todo o mundo. E assim poderíamos voltar para a escola. Eu sou apenas uma mensageira, e ainda assim sou exposta a todo esse ódio. Nada do que estou dizendo é novo, só estou dizendo o que os cientistas têm dito há décadas, repetidamente. E concordo com vocês, sou jovem demais para fazer isso.

Nós, crianças, não deveríamos ter que fazer isso. Mas, como quase ninguém está fazendo nada, e nosso próprio futuro está em risco, sentimos que temos que continuar batalhando.

E, se vocês tiverem qualquer outra preocupação ou dúvida sobre mim, podem ouvir minha palestra no TED, na qual eu falo sobre como meu interesse pelo clima e meio ambiente começou.

E obrigada a todos pelo gentil apoio! Isso me traz esperança.

Este livro foi composto na tipografia Adobe
Caslon Pro, em corpo 11,5/15, e impresso em
papel off-white no Sistema Cameron da
Divisão Gráfica da Distribuidora Record.